馬德　呂義　主编

敦煌草書寫本識粹

因明入證理論略抄暨後疏

呂義　呂洞達　編著

社會科學文獻出版社
SOCIAL SCIENCES ACADEMIC PRESS (CHINA)

《敦煌草書寫本識粹》編委會

總序

一九〇〇年，地處中國西北戈壁深山的敦煌莫高窟，封閉千年的藏經洞開啓，出土了數以萬計的敦煌寫本文獻。其中僅漢文文書就有近六萬件，而草書寫本則有四百多件二百餘種。同其他敦煌遺書一樣，由於歷史原因，這些草書寫本分散收藏於中國國家圖書館、英國國家圖書館、法國國家圖書館、故宫博物院、上海博物館、南京博物院、天津博物館、敦煌市博物館、日本書道博物館等院館。因此，同其他書體的敦煌寫本一樣，敦煌草書寫本也是一百二十年來世界範圍内的研究對象。

（一）

文字是對所有自然現象、社會發展的記載，是對人們之間語言交流的記録，人們在不同的環境和場合就使用不同的書體。敦煌寫本分寫經與文書兩大類，寫經基本爲楷書，文書多爲行書，而草書寫本多爲佛教經論的詮釋類文獻。

敦煌草書寫本大多屬於聽講記録和隨筆，係古代高僧對佛教經典的詮釋和注解，也有一部分抄寫本和佛典摘要類的學習筆記；寫卷所採用的書體基本爲今草，也有一些保存有濃厚的章草遺韻。

敦煌草書寫本雖然數量有限，但具有不凡的價值和意義。

首先是文獻學意義。敦煌草書寫本是佛教典籍中的寶貴資料，書寫於一千多年前的唐代，大多爲聽講筆記的孤本，僅存一份，無複本，也無傳世文獻相印證，均爲稀世珍品、連城罕物，具有極高的收藏價值、文物價值、研究價值。而一部分雖然有傳世本可鑒，但作爲最早的手抄本，保存了文獻的原始形態，對傳世本錯訛的校正作用顯而易見；更有一部分經過校勘和標注的草書寫本，成爲後世其他抄寫本的底本和範本。所以，敦煌草書寫本作爲最原始的第一手資料可發揮重要的校勘作用；同時作爲古代寫本，保存了諸多引人注目的古代異文，提供了豐富的文獻學和文化史等學科領域的重要信息。

其次是佛教史意義。作爲社會最基層的佛教宣傳活動的内容記録，以通俗的形式向全社會進行佛教的普及宣傳，深入社會，反映了中國大乘佛教的「入世」特色，是研究佛教的具體信仰形態的第一手資料。通過對敦煌草書寫本文獻的整理研究，可以窺視當時社會第一綫的佛教信仰形態，進而對古代敦煌以及中國佛教進行全方位的瞭解。

再次是社會史意義。多數草書寫本是對社會最基層的佛教宣傳活動的内容記録，所講内容緊貼社會生活，運用民間方言，結合風土民情，特别是大量利用中國歷史上的神話傳説和歷史故事來詮釋佛教義理，展現出宣講者淵博的學識和對中國傳統文化的認知。同時向世人展示佛教在社會發展進步中的歷史意義，進一步發揮佛教在維護社會穩定、促進社會發展方面的積極作用，也爲佛教在當今社會的傳播和發展提供歷史借鑒。另外有少數非佛典寫本，其社會意義則更加明顯。

最後是語言學的意義。隨聽隨記的草書寫本來源於活生生的佛教生活，内容大多爲對佛經的注解和釋義，將佛教經典中深奥的哲學理念以大衆化的語言進行演繹。作爲聽講記録文稿，書面語言與口頭語言混用，官方術語與民間方言共存；既有佛教術語，又有流行口語……是没有經過任何加工和處理的原始語言，保存了許多生動、自然的口語形態，展示了一般書面文獻所不具備的語言特色。

當然還有很重要的兩點，就是草書作品在文字學和書法史上的意義。其一，敦煌草書寫本使用了大量的異體字和俗體字，這些文字對考訂相關漢字的形體演變，建立文字譜系，具有重要的價值，爲文字學研究提供了豐富的原始資料。其二，草書作爲漢字的書寫體之一，簡化了漢字的寫法，是書寫進化的體現。敦煌寫本使用草書文字，結構合理，運筆流暢，書寫規範，書體標準，傳承有序；其中許多草書寫卷，堪稱中華書法寶庫中的頂級精品，許多字形不見於現今中外草書字典。這些書寫於千年之前的草書字，爲我們提供了大量的古代草書樣本，所展示的標準的草書文獻，對漢字草書的書寫和傳承有正軌和規範的作用，給各類專業人員提供完整準確的研習資料，爲深入研究和正確認識草書字體與書寫方法，解決當今書法界的很多争議，正本清源，提供了具體材料，從而有助於傳承中華民族優秀傳統文化。同時，一些合體字，如「卄」（菩薩）、「卅」（菩提）、「卌」、「𠦜」或「夬」（涅槃）等，個別的符代字如「煩々」（煩惱）等，可以看作速記符號的前身。

總之，敦煌草書寫本無論是在佛教文獻的整理研究領域，還是對書法藝術的學習研究，對中華民族優秀傳統文化的傳承和創新都具有深遠的歷史意義和重大的現實意義，因此亟須挖掘、整理和研究。

（二）

遺憾的是，敦煌遺書出土歷兩個甲子以來，在國內，無論是學界還是教界，大多數研究者專注於書寫較爲工整的楷書文獻，對於字迹較難辨認但内容更具文獻價值和社會意義的草書寫本則重視不够。以往的有關成果基本上散見於敦煌文獻圖録和各類書法集，多限於影印圖片，釋文極爲少見，研究則更少。這使草書寫本不但無法展現其内容和文獻的價值意義，對大多數的佛教文獻研究者來講仍然屬於「天書」；而且因爲没有釋文，不僅無法就敦煌草書佛典進行系統整理和研究，即使是在文字識别和書寫方面也造成許多誤導——作爲書法史文獻也未能得到正確的認識和運用。相反，曾有日本學者對部分敦煌草書佛典做過釋文，雖然每見訛誤，但收入近代大藏經而廣爲流傳。此景頗令國人汗顔。

敦煌文獻是我們的老祖宗留下來的文化瑰寶，中國學者理應在這方面做出自己的貢獻。三十多年前，不少中國學人因爲受「敦煌在中國，敦煌學在外國」的刺激走上敦煌研究之路。今天，中國的敦煌學已經走在世界前列，但是我們不得不承認，還有一些領域，學術界關注得仍然不够，比如説對敦煌草書文獻的整理研究。這對於中國學界和佛教界來説無疑具有强烈的刺激與激勵作用。因此，敦煌草書寫本的整理研究不僅可以填補國内的空白，而且在一定程度上仍然具有「誓雪國耻」的學術和社會背景。

爲此，在敦煌藏經洞文獻面世一百二十年之際，我們組織「敦煌草書寫本整理研究」項目組，計劃用八年左右的時間，對敦煌莫高窟藏經洞出土的四百多件二百餘種草書寫本進行全面系統的整理研究，内容包括對目前已知草書寫本的釋録、校注和内容、背景、草書文字等各方面的研究，以及相應的人才培養。這是一項龐大而繁雜的系統工程。「敦煌草書寫本識粹」即是這一項目的主要階段性成果。

（三）

「敦煌草書寫本識粹」從敦煌莫高窟藏經洞出土的四百多件二百餘種草書寫本中選取具有重要歷史文獻價值的八十種，分四輯編輯爲系列叢書八十册，每册按照統一的體例編寫，即分爲原卷原色圖版、釋讀與校勘和研究綜述三大部分。

寫本文獻編號與經名或文書名。編號爲目前國際通用的收藏單位流水號（因竪式排版，收藏單位略稱及序號均用漢字標識），如北敦爲中國國家圖書館藏品，斯爲英國國家圖書館藏品，伯爲法國國家圖書館藏品，故博爲故宮博物院藏品，上博爲上海博物館藏品，津博爲天津博物館（原天津市藝術博物館併入）藏品，南博爲南京博物院藏品等；卷名原有者襲之，缺者依内容擬定。對部分寫本中卷首與卷尾題名不同者，或根據主要内容擬定主題卷名，或據全部内容擬定綜述性卷名。

釋文和校注。竪式排版，採用敦煌草書寫本原件圖版與釋文、校注左右兩面對照的形式：展开後右面爲圖版頁，左面按原文分行竪排釋文，加以標點、斷句，並在相應位置排列校注文字。釋文按總行數順序標注。在校注中，爲保持文獻的完整性和便於專業研究，對部分在傳世大藏經中有相應文本者，或寫本爲原經文縮略或摘要本者，根據需要附上經文原文或提供信息鏈接；同時在寫本與傳世本的異文對照、對比方面，進行必要的注釋和説明，求正糾誤，去僞存真。因草書寫本多爲聽講隨記，故其中口語、方言使用較多，校注中儘量加以説明，包括對使用背景與社會風俗的解釋。另外，有一些草書寫本有兩個以上的寫卷（包括一定數量的殘片），還有的除草書外另有行書或楷書寫卷，在校釋中以選定的草書寫卷爲底本，以其他各卷互校互證。

研究綜述。對每卷做概括性的現狀描述，包括收藏單位、編號、保存現狀（首尾全、首全尾缺、尾缺、尾殘等）、寫本内容、時代、作者、抄寫者、流傳情况、現存情况等。在此基礎上，分内容分析、相關的歷史背景、獨特的文獻價值意義、書寫規律及其演變、書寫特色及其意義等問題，以歷史文獻和古籍整理爲主，綜合運用文字學、佛教學、歷史學、書法學等各種研究方法，對精選的敦煌草書寫本進行全面、深入、系統的研究，爲古籍文獻和佛教研究者提供翔實可靠的資料。另外，通過對草書文字的準確識讀，進一步對其中包含的佛教信仰、民俗風情、方言術語及其所反映的社會歷史背景等進行深入的闡述。

與草書寫本的整理研究同時，全面搜集和梳理所有敦煌寫本中的草書文字，編輯出版敦煌草書寫本字典，提供標準草書文字字形及書體，分析各自在敦煌草書寫本中的文字和文獻意義，藉此深入認識漢字的精髓，在中國傳統草書書法方面做到正本清源，又爲草書文字的學習和書寫提供準確、規範的樣本，傳承中華優秀傳統文化。在此基礎上，待條件成熟時，編輯「敦煌寫卷行草字典合輯」，也將作爲本項目的階段性成果列入出版計劃。

「敦煌草書寫本識粹」第一輯有幸得到二〇一八年國家出版基金的資助；蘭州大學敦煌學研究所將「敦煌草書文獻整理研究」列爲所内研究項目，並争取到學校和歷史文化學院相關研究項目經費的支持；部分工作列入馬德主持的國家社會科學基金重大項目「敦煌遺書數據庫建設」，並得到了適當資助，保證整理、研究和編纂工作的順利進行。

希望「敦煌草書寫本識粹」的出版，能够填補國内敦煌草書文獻研究的空白，開拓敦煌文獻與敦煌佛教研究的新領域，豐富對佛教古籍、中國佛教史、中國古代社會的研究。

由於編者水平有限，錯誤之處在所難免。我們殷切期望各位專家和廣大讀者的批評指正。同時，我們也將積極準備下一步整理研究敦煌草書文獻的工作，培養和壯大研究團隊，取得更多更好的成果。

是爲序。

馬德　吕義

二〇二一年六月

釋校凡例

一、本册以伯二〇六三八爲底本（文中簡稱「唐本」），參校以〔日〕武邑尚邦釋文（見CBETA X53n0855《因明入正理論疏抄》《因明入正理論後疏》，參見武邑尚邦著，楊金萍、蕭平譯《因明學的起源與發展》，中華書局，二〇〇八），及沈劍英《敦煌因明文獻研究》（上海古籍出版社，二〇〇八）。

二、釋録時，對於筆畫清晰可辨，有可嚴格對應的楷化異體字者（與通用字構件不同），使用對應的楷化異體字；不能嚴格對應的（含筆畫增減、筆順不同等），一般採用《漢語大字典》釐定的通用規範繁體字。凡爲歷代字書所收有淵源的異體字（含古字，如仏、礼、乿等，俗字，如㝵等）、假借字，一般照録。凡唐代官方認可並見於正楷寫卷及碑刻而與今簡化字相同者，有的即係古代正字（如万、无、与等），爲反映寫卷原貌，均原樣録出。

三、録文一律使用原卷校正後的文字和文本，並對原卷仍存的錯訛衍脱等情况進行校勘，在校記中加以説明。鑒於問答起訖不很明確，録文標點中不使用引號。凡不能識別的文字，以□替代。

四、對於寫卷中所用的佛教特殊用字，如上下疊用之合體字「𦬇」（菩薩），「𦬀」（菩提），「卌」、「卌」或「夾」（涅槃）、「𦽋」（菩提）、薩（薩埵）、薩（薩婆）等，或符代字如「煩々」（煩惱）等，均以正字釋出。

五、對於前人已經識讀出的文本之異文，在校注中加以説明。對武邑尚邦釋文使用的日文漢字作通用規範繁體字處理，不看作異文。

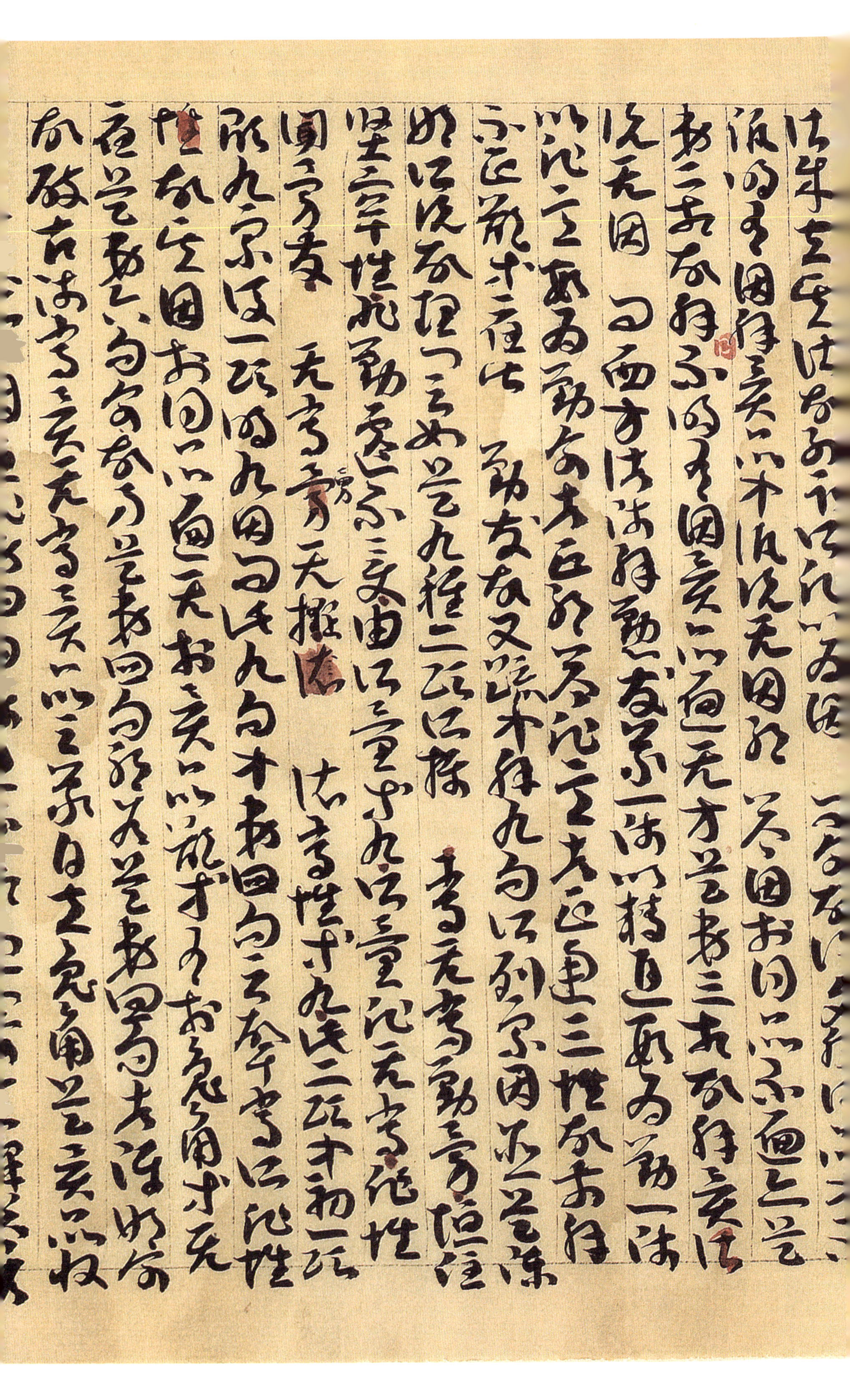

法生法不生因者，是如法及有法和合為宗不二種從是因
以生生復指有法，以之為因，亦是以生生起生過之二是有從
不生過也。以法生有法不生因者，是於極生因無以法極生有
法受有法無不成，是依法不生過也。令但有以極生是
法生有法之不極成法令理論言有法不生於有法成法
此他生有法但由法令生於法無是生之於有法從此論文
令之但以法生法也。問：有有法不生生有法者令因是
生此量以後因有法生之失有法？答：以此受已因者意
不生生此本已失有依不免以此生為有法由有種有依
不為法並是以法生法之一無有過此不亡此理一此後問
無者為奈宗法是有法合為宗以此亡是奈宗法令有
不有以為因耶？答：故此不法不有離法及有法合為宗以

宗不相違過因法乘能有所差乘宗二俱二名之　同品之
能有者名極成不有彼有極成者名下謂法之極成所立
非所能有者名有不說極成者　答西方因明釋中有
法一種云所立之無言所無言謂法無言所之極無言
以極成有所極極成所有二所成所至所立作能所極成者
至所作立所立所違者極所有不極成者三法云所立
不所時能所說宗極成以立宗時必極成能言說現所言極
成者所至所作立所立成者宗者現說不極成不極成
云法所說不說同種因所有所但以者法云之極成法法成之有
法之不極成法不以有法成者法不以法成法有者法
能若此差不成因所同有法成因者若云用此有法成其
以之成能立也一見立有宗不說立有因所差宗不成者
同所以得有法成法亦見能此有法上所因和有其而

[illegible]
能立之言宗亦以亦注因於喻因如能立之言因喻法是能立之方言注
因於喻因喻云喻疑若直說云因喻以注是能立能注之言之一
能立宗亦之以注是以立能注之言之一以立於亦得言宗亦能立也
問既所以因喻為能立之宗於注之由宗亦因喻為之耳不
來了宗耶　答由宗之因喻耳成　問若未了宗於先為之
問宗若非能立者宗於注文自能立之種子種宗耶　答為種
能立之以立於又說以立之與能立之於之能立之種子以立也
問自宗亦法中宗於宗亦言極成不以宗極成法宗言極成不法
極成不能宗　答為二種如說中別之東明得言以言極成不
法者所說能宗之名為法言極成不能宗者所說之法之名以
宗於宗家成乎宗所說宗有為也　問宗之於宗要余宗二所說宗有
名耶　又宗中法宗之一法因法通二法法宗中法能宗所說是

又疏中云古師以一切法自性差別為一宗為所立之
於中自性自性一差別一差別合之為宗之能立
後總中別法能有差別能立陳那以宗體因喻為能立
立者但說古師宗其極成所立一切自性差別合依
宗因喻三俱能立之一能立　又立亦以諸為能立者宗之能立
為能立為能說者言能依能立者之言為所立宗所依道
正一類能所說為先故宗所所說所依古師云今立之
宗今宗為能所說立所依為宗之能者以後宗云
所和合謂能所之言為能立以所立宗為所立陳那
云今意宗言所以立能所立又為因喻以宗立能立能
能立之言所以宗能立之宗以宗因喻三是一
據為因喻因喻言因喻總能立者為能立三言以據能為能立

色也三以能破同無色之義所依名之為以能此法所依是聲
之能破同無色之義所依名之為以自性良有生無為以之
此言同法者以成是也　同喻文兄言宗成有言名為能生
言所言因是生能生之宗所法宗此能生之所作有種言九
因是所言因是不宗因是之後來不乃以所生所依止一是能
生宗也已種言由有夜言由言依宗證有二從生理為具二
種生名能生以言緣宗依遍依之宗以同之且如來生宗有依
是有宗生宗來生交言若敵生宗方生乎宗生言因種
緣依也何宗以同有有之生宗且能生種宗依文釋能生
性乎因有二有免是宗因宗之宗三是生能生又依言
有所能生者以能比二言量言入生之不宗有有因上是能生也

以菩薩為行亦云如一切菩提者何亦是菩提也以菩提
名二云菩薩是梵語菩提薩埵此云覺有情從前以來不及菩提
者為名也三者菩薩以智種為體智種為其智種亦菩提薩埵
種子用為名也五者菩薩者說菩提薩埵二字略也
親云二刹文自釋不云居如述親說本來者謂自之說生
二云四方釋其四種一生補處之道三文是為道是也二生補
以補處之道為本是此是也至二者為道名之為生補處之道
乘各各之為以各也二以補處之道證不可之者為道因果證
道求是也四以之補處之道因不證因為道是也四道京法因正是
補處之道是不破法不是者以之不以也三云補處之道者但是
四不生補處之道是二否是以之以補處之道破之不得三云四一生補處
發得行生常道自之至元生大各三生補處發二生補以補處發得
常為二為[illegible]三云者生[illegible]是[illegible]說[illegible]為以[illegible]元[illegible]速未足

問說已以後術之言說生異宗之軌模屢述前已略曾
已許明也敍二釋論論曰因明論一部有其兩名一者因明論（此論已言至本因明論術也）
是諸論之通名二者入正理論是此論之別號言通名者且
西方有內道外道一百諸論中立破之宗不離因明
並是已明之本為名何者一明之本通號也言因明者因以也
如立聲無常宗以所作因立無常宗二者因所立是無常以
故也又因者以詮也以無常之理要詮因方顯故也了宗云
在要詮因方生故也亦云因者所以二種因一生因二了因正所無
言理故一為所生因通生故說宗者故生因了因多
三種因云宗了釋此三因及明正如疏末述故云因也云

生正之智生宗生以為正智因是生理是從正理宗以以理
智從是生之由能通所立宗爲理又釋云名因是正由從正
得立示宗智宗因是理宗正理智言因是之通所宗智從作
底明正理之智名正理之也已上是通釋名正為正理作文句難得
智者作為宗所作以能悟入正理也作文句智云入正理也一
云由宗悟作正能悟入大因明作以證正理智云入正理也一云
由宗悟作正能以三支之因悟入法性法說者是正理智
云入正理也悟得通宗為正是三支為論四方釋也詳得如
疏本釋悟不盡述云云其因明論是菩薩其因明論正如疏本
釋菩薩所造有二釋一云世親菩薩造一云世親菩薩作云云又情也

之要術悟他由也
通人之所以觀解之
二解釋題論所明三一者一能
論題目者三分文句釋之
若要發名名中生死所因果大事
並之內義故曰內明也二者因明謂能說所
推求所證之指撲以生了之明因果生以常不之名種在
也三者聲明謂說字聲字聲如聲之論此字此句如之義式明諸
相義式以為釋訓名名名并法聲名聲明也四者醫方明
謂說病因病相救療方藥故云醫方明也五者工巧明

明者西方有兩釋一云因即是明故名因明所持宗釋也由因故
顯無常理故二云因之宗明故名曰因明所詮立釋也此本有二
大論各承三藏自宗曰一云無常宗未有明所釋宗理是因宗
明故曰因明一云無常正理本來明所由因力故顯明所因
宗明故名曰因明上二總合為一釋云了宗之者明釋是生
生因之明也無常之理明所是生了因之明也顯所生了二果
明是生生了二因之明也所以宗之外所宗不是生義顯了知故
不云宗明者為說因明所以今因是生立宗是生明顯立為名
不云宗明也又釋若云因明之釋後宗二宗皆是三因攝故
共云宗明不顯三共二宗理證後二共有云入正理者是所為要
入是方便悟入之宗言正理者因明釋本是生三釋一云諸明
[illegible]

唐淨眼《因明入正理論略抄》釋校

（卷首殘損）

之要述□自[一]□□□□□□□□□□□□□□□□□

通人之窮[二]觀譬□□□□□□□□□□□□□□□□□

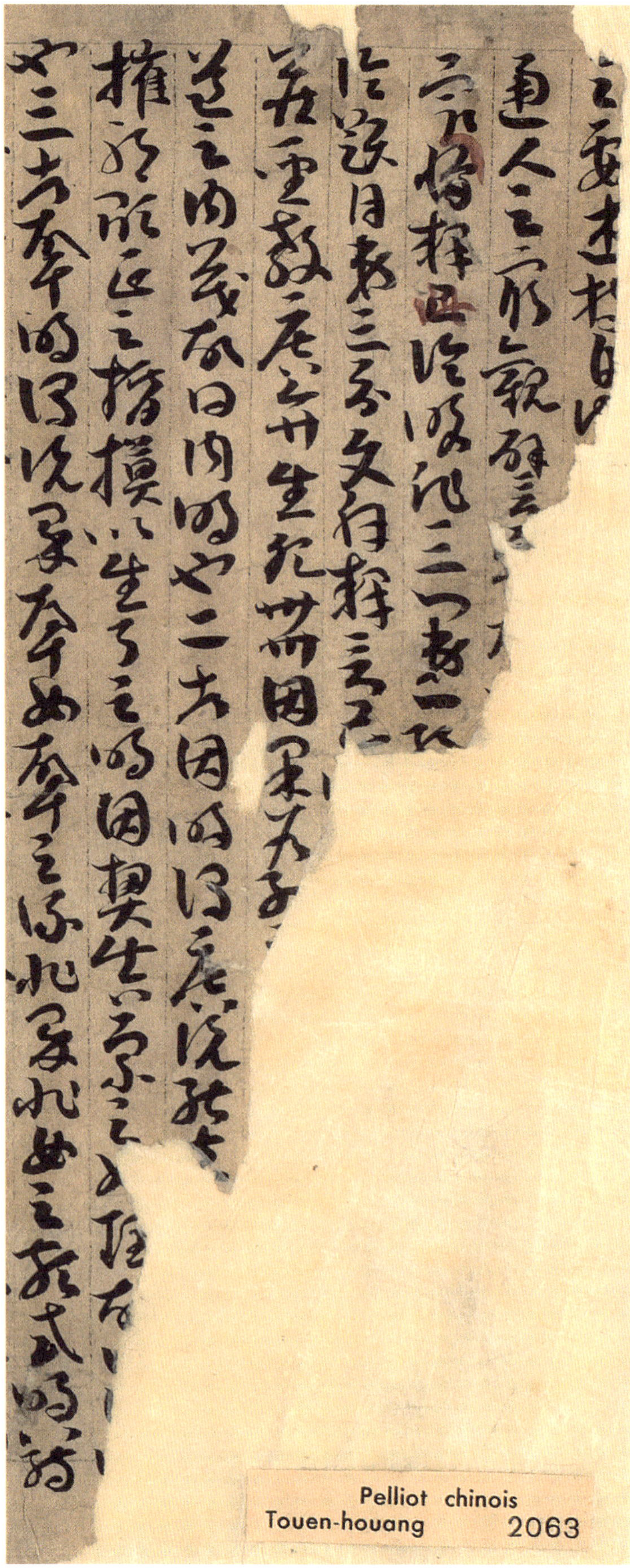

宬[三]將釋。此[四]論略作三門：弟[五]一[六]□□□□□□□□□□
《論》題目，弟三分文解釋。言五[七]□□□□□□□□□□□
藏聖教，廣弁[八]生死，涅槃因果。若別[九]□□□□□□□□□□
道之內義[一〇]，故曰內明也。二者因明，謂廣説能立[一一]、□□□□□
摧邪顯正之楷模，以生、了之明因，契真宗之如理，故[一二]□□□
也。三者聲明，謂説男[一三]聲、女聲之流，非男[一四]非女之類，或明八轉

校注

【一】「之要述□自」，「述」下似「持」。「要」「自」，武邑尚邦未釋。「自」，沈劍英未釋。【二】「窮」，武邑尚邦、沈劍英皆未釋。

【三】「宬」，武邑尚邦釋「今」，沈劍英釋「定」。【四】「此」，原作「已」，朱筆改作「此」。武邑尚邦釋「一」。【五】「弟」，古「第」字。武邑尚邦、沈劍英皆釋「第」，字同。後不再注。【六】「一」下殘字似爲「約」，武邑尚邦、沈劍英皆未釋。沈劍英補「分文總説五明，第二分文釋」。【七】「五」，武邑尚邦未釋。「五」下，沈劍英補「明者，一者內明，謂」。【八】「弁」，敦煌寫卷「弁」與「辨、辯」字同。武邑尚邦釋「辨」。沈劍英釋「弁」（辨）。後不再注。【九】「別」，武邑尚邦未釋。【一〇】「義」，武邑尚邦釋「義」，沈劍英釋「笺」。沈劍英釋文爲繁體，偶夾雜簡化字，照録。【一一】「立」下，沈劍英補「能破、現、比真、似，此」。【一二】「如理，故」「如」「故」武邑尚邦未釋。「故」下，沈劍英補「曰因明」。【一三】「男」，唐本似「界」，武邑尚邦、沈劍英皆釋「男」，依文義釋「男」。【一四】「男」，唐本似「界」，武邑尚邦、沈劍英皆釋「男」，依文義釋「男」。

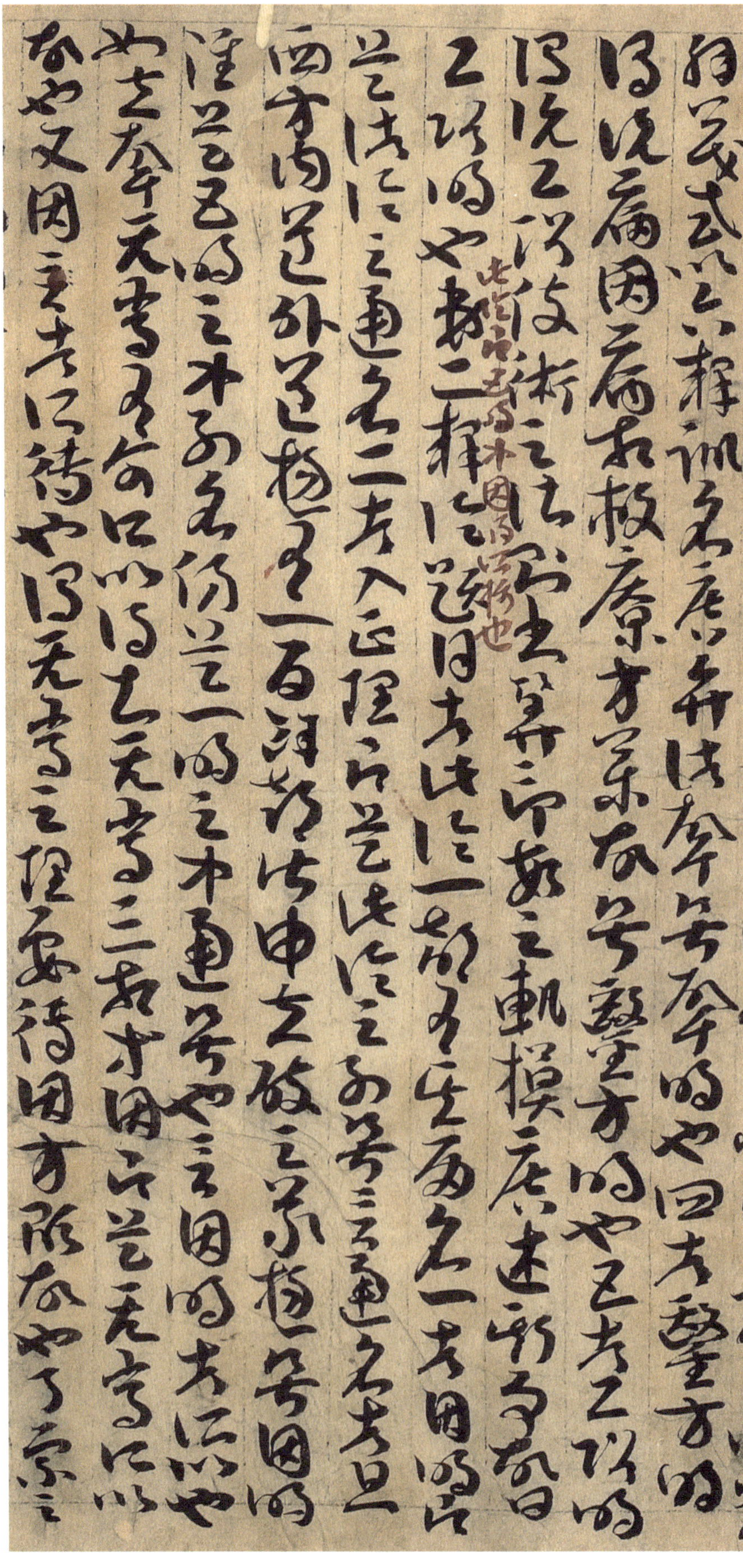

九 解義[一]，或以六釋訓名，廣弁諸聲，号[二]聲明也。四者醫方明，

一〇 謂説病[三]因、病相，救療[四]方藥[五]，故号醫方明也。五者工巧[六]明，

一一 謂說工巧伎[七]術之法則[八]，書筭[九]印數之軌[一〇]模，廣述斯事，故曰

一二 工巧明也。此論即五明中因明所攝也。弟二釋《論》題目者。此《論》一部，

有其兩名：一者因明，即

一三 是諸論之通名；二者入正理，即是此論之別号。言[一一]通名者，且

一四 西方内道、外道揔[一二]有一百餘部，皆申立破之義，揔号因明，

一五 雖是五明之中別名，仍是一明之中通号也。言因明者，所以也。

一六 如立聲无[一三]常，有何所以得知无常？三相等因，即是无常所以

一七 故也。又，因[一四]者，所待也，謂无常之理，要待因方顯故也。了宗之

校注

【一】「義」，武邑尚邦釋「箋」，沈劍英釋「笺」。【二】「号」，沈劍英釋「號」，字同。【三】「病」，唐本「疒」作「广」，乃俗字寫法。【四】「瘵」，唐本「疒」作「广」，乃俗字寫法。【五】「藥」，武邑尚邦、沈劍英皆釋「策」。【六】「巧」，唐本右「丂」上多「丷」作「玝」，乃俗字。武邑尚邦、沈劍英皆釋「巧」。【七】「伎」，武邑尚邦釋「技」。【八】「則」，武邑尚邦釋「即」。【九】「筭」，武邑尚邦、沈劍英皆釋「算」，字同。【一〇】「軌」，唐本「九」作「凡」，乃俗字。「軓」，亦俗字。【一一】「言」，武邑尚邦釋「云」。【一二】「揔」，乃「總」字俗字。武邑尚邦釋「総」，沈劍英釋「總」，字同。【一三】「无」，武邑尚邦、沈劍英皆釋「無」，字同。【一四】「因」下，唐本有「主」，右旁有刪除號。武邑尚邦、沈劍英皆釋「言」，均未刪。

者要待因方生智也此言因者所以二種因一正二了因正所无
言理故二義一能生因通生智故於自宗者能生因了因義者
三種得之宗之釋此三因各有二義正如疏本述故之言因也言
明者由方便釋一言因正是明能生因明言能了宗釋也由因能
所无言理故二言因是宗明故名曰因明言此立釋也此本之二
大論名承三明在自宗曰一言无言未言明自宗理是因宗
明故曰因明一言无言正理本來明所由因力故之名明所因
宗明故名曰因明之攝之言為一種言了宗之言明自是果
生因之明也无言之理明所是果了因之明也之所生了二果
明是果生了二因之明也明宗之一顯所宗是生敬於言之分故

智，要待因方生故也。今言因者，顯二種因：一、正取了因，正顯无常理故；二、兼取生因，通生敵論解宗智故。生因、了因各有三種，謂言、義、智。釋此三因及明兼、正，如《疏》中述，故言因也。言明者，西方兩釋：一云，因即是明，故号因明，即持業釋也，由因能顯无常理故。二云，因家明故，名曰因明，即依主釋也。此中有二大德，各承三藏，解不同。一云，无常果智[一]，明解宗理，是因家明，故曰因明。一云，无常正理本來[二]明顯，由因力故，今得明[三]顯，因家明故，名曰因明。今摠[四]合爲[五]一解云：了宗之智明解，是屬[六]生因之明也；无常之理明顯，是屬[七]了因之明也；即顯生、了二果明，是屬[八]生、了二因之明也。問：喻亦能顯宗及生敵論智，何故

校注

【一】「智」，沈劍英釋「知」。【二】「來」，武邑尚邦釋「成」。【三】「得明」，武邑尚邦漏釋。【四】「摠」，武邑尚邦釋「総」。【五】「爲」，武邑尚邦釋「為」，唐代碑刻及唐代寫卷每亦作「為」。【六】「屬」，武邑尚邦釋「成」。【七】「屬」，武邑尚邦釋「成」。【八】「屬」，武邑尚邦釋「成」。

不云宗明乃說因明所以者，因是生了宗是助成立為名。
不云宗明也。又釋若云因明之釋，唯宗二宗此是三因釋故。
若云宗明不顯二義，二宗唯從二義，故云入正理者是所為。
入是方便悟入之義。言正理者，因明釋中有三釋：一云諸明，
此是大因明論名正理。正理之所為為正理。正理之所而方釋云宗是
生正。此論出宗生以為正，所因是生理，是彼正理宗以理
故宗是生之由，能通顯成宗，宗成理。又釋云若因是正，由能正
有三者：宗、所宗、因是理，宗正理，故云因是之通顯宗，所論[illegible]
應明正理之所為正理之也。[illegible]因明[illegible]雖具三為正理論文句雖有
故此論[illegible]名字顯論正能悟入正理也，論文句故云入正理也一

不言喻明，乃説因明耶[一]？答：因是其主，喻是其助，就主爲名，不言喻明也。又解，若言因明，亦攝彼喻，二喻皆是言[二]因攝故；若言喻明不顯三相，二喻唯詮後二相故。言入正理者，是别名也。入是方便悟入之義，言正理者，因明釋中有其三解：一云，陳那[三]所造大因明論名《正理門》。何故名爲《正理門》耶？西方解云：宗是其正，立論崇重以爲正故。因是其理，是彼正理，宗所以理故。喻是其門，由能通顯真宗理故[四]。又解云：智因是正，由彼正解三相義故。義因是理，義即理故。言因是門，通顯義故。彼《論》廣明《正理門》，故名《正理門》也。今商羯羅主，爲《正理論》文句難解故造論，若學斯論，即能悟入正理門[五]，論文句故言入正理也。一

校注

【一】「耶」，《王力古漢語字典》：「《説文》無耶字」，「耶」字由「邪」字譌變而來。【二】「言」，原作「三」，朱筆改「言」，武邑尚邦、沈劍英皆釋「三」。【三】「那」，唐本左部作「女」，余初見此草書寫法。【四】「理故」，唐本作「故理」，中有倒乙符。【五】「門」，唐本原作「也」，朱筆改作「門」。武邑尚邦、沈劍英皆釋「也」。

二由宗等能依所依證入大因明論正理故云入正理也一云
由宗等能依所依以三支之因證入諸法論證義旨宣示正理故
云入正理也能釋通於旨者正是三支語詮而方釋也論釋如
疏中釋能不爾案本述云五名同稱羅主菩薩者名同稱羅主如疏中
釋菩薩者明有三釋一云此菩薩者能云覺也此菩薩者能云有情也
謂菩薩能此求為所求之智能以薩埵為所救之境所以語境為
名二云菩薩者有情能此菩提故名覺有情所以有情能求菩提故所
者為名也三者此菩薩以其覺猶為所同等猶求此菩提所以
境及用為名也者菩薩者明其菩提二字故也
所以言二利文自釋中應如疏本述所以本者無者明此自之能生

云，由學此論即能悟入大因明論所詮正理，故云入正理也。一云，由學此論即能以三相之因悟入諸仏[一]所説无常、空等正理，故云入正理也。此解通、别兩名並是三藏傳[二]西方釋也。餘解如《疏》中釋，此不繁述。言商羯羅主菩薩者，商羯羅主如《疏》中釋。菩薩者，略有三解：一云，菩提者，此云覺也，薩埵者，此云有情也。謂菩薩緣菩提爲所求之境，緣薩埵爲所救之境，並是從境爲名。二云，菩薩有情，緣菩提故名覺有情，即從所求果及能求[三]者爲名也。三者，薩埵[四]以勇猛爲義，謂勇猛求菩提故，即從境及用爲名也。今言[五]菩薩者，略去提埵二字故也。就弟二判文解釋中廣如《疏》述，就《疏》中无者[六]，略助解之[七]。能立

校注

【一】「仏」，古「佛」字。【二】「傳」，唐本草書字與傳統草書之「侍」同。此釋依武邑尚邦、沈劍英之釋。以字義是也。【三】「求」，沈劍英漏釋。【四】「埵」下，沈劍英釋多「者」。【五】「言」，唐本原作「者」，朱筆改作「言」。武邑尚邦漏釋，沈劍英釋「者」。【六】「者」，唐本原作「去」，後用朱筆塗點刪，旁書「者」。武邑尚邦釋「去」。沈劍英釋「者」。【七】「之」，武邑尚邦釋「云」。

言宗而方釋者曰但一分能立闕三支無過類是也二分
似能立闕有法遠宗是也及三有過類之為分為敵證
乘及過類之為似有也三一似能立闕諸不定有法因并論
過或是也因似之能立闕因不共因過是也過宗法因已是
能立之宜及羅法有正是似立之外似也之言能立其但是
因不分能立也三支是似立比收能破之中不共之又因一分能
破闕行分過當過自言無分有言分能破二分似能破闕
當過過行似以擇分因自不免懸取過為似法正有遠法宗
過也三似能破闕無過二之為行過之為似如比無似可是因似
之能破闕無過類二過行過之為似自言設更前分真過為似之

之義西方釋有四種：一、真能立，謂三支无過是也。二、真似能立，謂相違決定是也。具三相邊，名之爲真；爲敵量乖反，名之爲似故也。三、似能立，謂除[一]不定及相違因并喻過等是也。四、似似能立，謂四不成因過是也，遍宗法因正是能立之主，若闕此相，即是似立之中似也。今言能立者，但是四中真能立也，後三並是似立所收。能破之中，義亦有四：一、真能破，謂斥失當過，自量无失，故言真能破。二、真似能破，謂當過而斥，所以稱真；自不勉僁[二]，故名爲似，此即相違決定過也。三、似能破，謂无過妄斥，名之爲似，如所作相似等是。四、似似能破，謂无過妄斥，名之爲似，自量復更有失，名爲似似，

校注

【一】「除」，武邑尚邦釋「余」，沈劍英釋「餘」。【二】「勉僁」，武邑尚邦作「免僣」，沈劍英作「免愆」。按：「僁」同「愆」，音千。「僣」同「僭」，音見。「勉僁」又見《後疏》三一八行，武邑尚邦、沈劍英皆釋「免愆」。

此之同法者以何為是也　問此文先言宗等者名為能立
又所言因是宣能立者為何者宗所能立者尋文釋云是
因是前言因是中宗因是證余本不以所宣前後二是能
立為也今釋云由者支言由言注宗理藉以宗理宗三
種此名能立以言緣為作論說之宗以陳立具如來立宗者注
也有宗宣宗未立支言言者義宣宗有宗為立言云因能
緣說也何為以為者之々立宗且能立能而注下文釋能立
理不因名三者先是宗因為立宗之一是宣能立又注以言
法作能立者以說此二三量之入宣立本為者為因之是能立也
又疏本云云言諸以一切法法自性差別為一相為所立

此即同法相似等是也。問：《論》文既言宗等多言爲能立，即顯言因是其能立，何故智、義非能立耶？答：有解云：智因是初，言因是中，義因是後，𥝌[一]中可以顯其初，後亦是能立故也。今解云：由智發言，由言詮義，俱益所成理，實三種皆名能立，以言勝故，《論》[二]偏説之。何以得知？且如未立義前雖有智、義，其宗未立，發言對敵，其義方成，故知言因約勝説也。問：何以得知智之与義且能立耶？答：雖[三]下[四]文釋能立體中因有三相，既是義因，故知[五]義亦是其能立。又，雖[六]《對法論》能立有八[七]，現、比二量亦入[八]其中，故知智因亦是能立也。又，《疏》中云：古師以一切諸法自性、差别揔爲一聚爲所成立，

校注

【一】「𥝌」，《字彙補》：古文舉字。字形始於漢代敦煌草書簡。此字之釋録詳參綜説部分。【二】「論」，武邑尚邦漏釋。【三】「雖」，武邑尚邦釋「准」。【四】「下」，唐本原作「小」，又似草書字「下」，朱筆改作行書「下」。【五】「知」，武邑尚邦釋「智」。【六】「雖」，武邑尚邦釋「准」。【七】武邑尚邦釋「下」。【八】「亦」，唐本原作「二」，朱筆改作「亦」。「亦入」，武邑尚邦未釋。

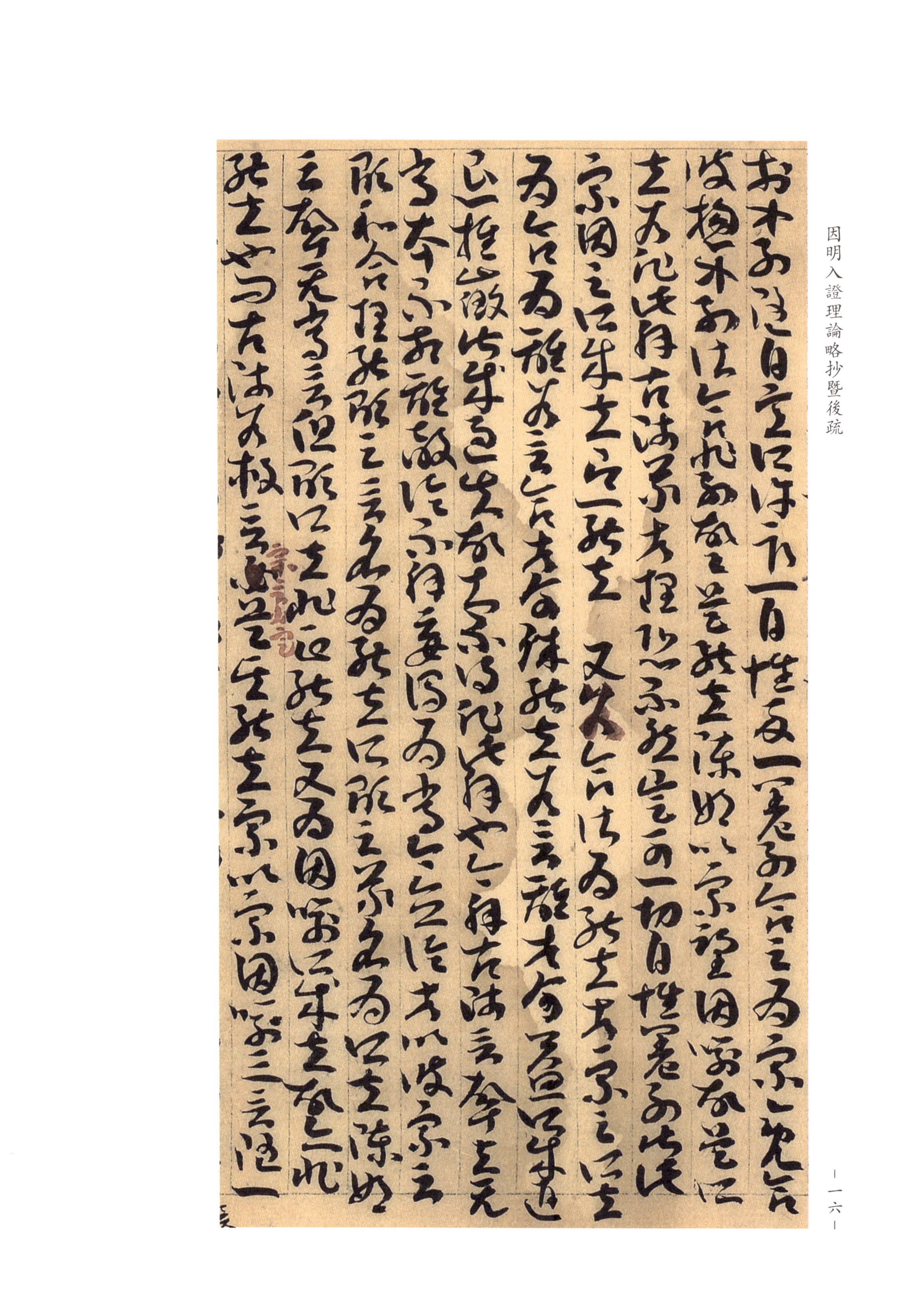

於中別隨自意所許，取一自性及一差別合之爲宗，宗既合彼揔中別法，合非別故，故是能立。陳那以宗望因、喻，故是所立。若作此解古師義者，理恐不然，豈可一切自性、差別皆此宗、因之所成立，即一能立？又，若[一]合法爲能立者，宗之所立爲合、爲離？若言合者，何殊能立？若言離者，何益所成？進退推徵[二]，皆成過失，故知不得作此解也。今解，古師言聲与无常本不相離，敵論不解，妄謂爲常，今立論者以彼宗云顯和合理，能顯之言，名爲能立，所顯之義，名爲所立。陳那云，聲无常言但顯所立，非正能立。又，爲因喻所成立故，亦非能立也。問：古師若救言[三]：宗言必定[四]是其能立宗；以宗、因、喻三言隨一

校注

【一】「若」，唐本原字似「父」，朱筆改之。【二】「進退推徵」，武邑尚邦未釋。【三】「言」下，唐本有「必」，朱筆塗刪。【四】「宗言必定」，武邑尚邦漏釋，只存「必」（塗刪之「必」）。沈劍英釋「宗言必」，漏「定」。

標有因如因喩言同喩法此能立者無此三言以標稱如解云喩矣
以此法故如今自釋　又云既此名遣兼言色言宗定言此
能立之言宗不以宗注因及能因如能立之言同喩法是能立之者言注
因及如因喩言喩矣　若直雜言因喩以注是能立能注之言一
能立宗不之以注　既以立能注之言一以立能不得言宗不能立也
同既其以求因喩法為能立之有能依之由宗不因喩為言再不
來了宗能　又由宗之因喩再說同者來了宗能義者為色
同之宗若此能立者有能依文自能立之雜者釋宗能　又為釋
能者之以立能又為以立之并能立能之釋能立之便釋以立也
同自宗不法者有能不言標宗以為標宗法不言標宗者法

攝故因；如因、喻言同喻；諸[一]非能立者，必非三言所攝，猶如餘言異喻。

若作此救，如何解釋？答：應作相違決定過云：宗支定非能立之言宗；以不詮因相故因；如能立言同喻；諸[二]是能立言者，定詮因相，如因、喻言異喻。若直難云：因、喻所詮是能立，能詮之言亦能立；宗之所詮既所立，能詮之言亦所立，故不得言宗能立也。

問：既取所等因、喻名爲能立，何故《論》云由宗、因、喻多言開示未了義耶？答：由宗之因、喻開曉問者未了義，故无有過。

問：宗若非能立者，何故《論》文解能立體[三]中釋宗耶？答：爲解能立之所立故，又對所立弁能立故。故解能立便釋所立也。

問：解宗依中何故不言極成所别、極成法，乃言極成有法、

校注

【一】「諸」，武邑尚邦釋「法」。【二】「諸」，武邑尚邦釋「法」。【三】「體」，唐本與傳統草書「禮」無别。武邑尚邦釋「体」。沈劍英釋「體」，從之。

八八 極成能別？答：有二釋，如《疏》中列[一]。今更助解云[二]：所言極成有

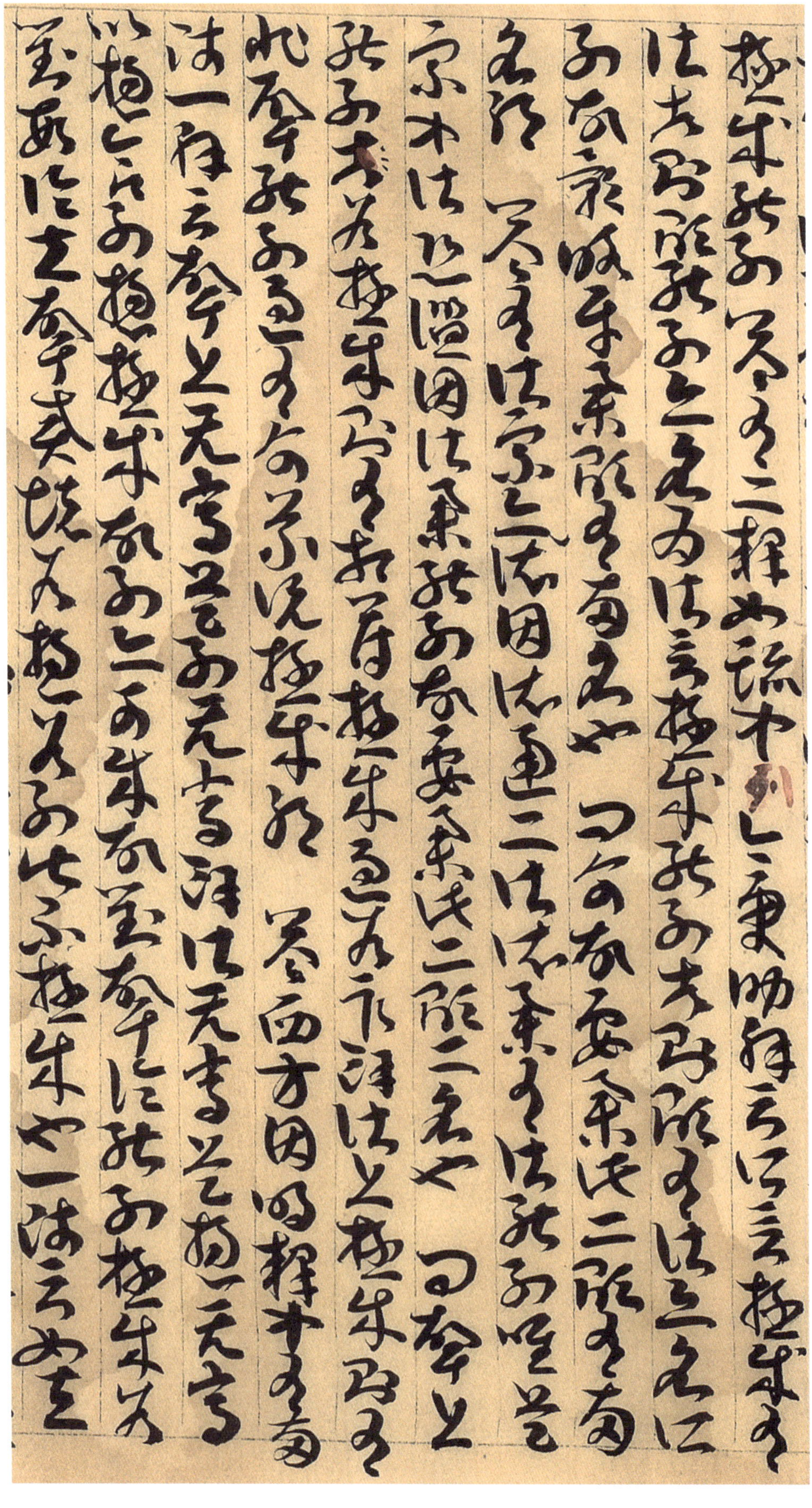

法者，則[三]顯能別亦名爲法；言極成能別者，則[四]顯有法亦名所別。故影[五]略㸦[六]釆，顯有兩名也。問：何故要釆此二顯有兩名耶？答：有法宗依亦[七]因依，通二法依釆有法，能別唯是宗中法，恐濫因法釆能別，故要釆此二顯二名也。問：聲上能別[八]若極成，則[九]有相符極成過，若取餘法上極成，則[一〇]有非聲能別過，有何義説極成耶？答：西方因明釋中有兩師，一解云：聲上无常是別无常，餘法无常是揔无常，以揔[一一]合別，揔極成故，別亦可成，故對聲論能別極成；若對數論立聲威壞[一二]，若揔、若別，皆不極成也。一師云：如立

校注

【一】「列」，武邑尚邦漏釋，沈劍英釋「解」。【二】「解云」，武邑尚邦釋「釋言」。【三】「則」，武邑尚邦釋「即」。【四】「則」，武邑尚邦釋「即」。【五】「影」，武邑尚邦釋「彰」。【六】「㸦」，「互」之俗字。武邑尚邦釋「成」，沈劍英釋「平」。【七】「依亦」，唐本作「亦依」，中有倒乙符。【八】「別」下，唐本有「者」，點刪。武邑尚邦、沈劍英皆保留「者」。【九】「則」，武邑尚邦釋「即」。【一〇】「則」，武邑尚邦釋「即」。【一一】「揔」，武邑尚邦釋「総」，沈劍英釋「總」。【一二】「威壞」，《説文·火部》：「威，滅也，从火、戌。」武邑尚邦釋「滅壞」，沈劍英釋「滅坏」。

云不顧所許宗極成以立宗時必極成所言說現前云極
成者若無違者恐敵者又當有現前不極成有法極成
云法所不違可得因而有各有但以有法之上極成法法成立者
法之不極成有法不以有法法成有法法不以法成法之法
所言此是不成因故也者法成因者又以用法者法之是
以立成所立已竟立為宗不復立為因故是宗過不成立
所以以辯者法成違者法未免離此者法上二種因相違也者
法成法不成因者是如法成者法和合為宗不二種似宗因
法成立復頗者法以宗為因亦宗所立成能立已上宗為證
不成立也以法成者法不成因者又極成因毋似法極成者
法無者法免不共似依宗於法法不成立也然但有以極成立

宗時能别雖未極成，以立喻時必極成，約當説現，故言極成；若對數論立聲威壞，若當、若現，俱不極成。故極成言依斯義説。問：解因初相，何故但以有法之上極成諸法[一]，成立有法上不極成法，不以有法成有法及成法，不以法成法、有法耶？答：皆是不成因故也。有法成有法不成[二]因者，若即用此有法即是所立成能立過，既立爲宗，復[三]立爲因，故是兩俱不成過也。若以餘[四]有法成此有法者，既離此有法，亦非因初相也。有法成法不成因者，且如法及有法和合爲宗，二種俱是因所成立，復指[五]有法以之爲因，即是所立成能立過，亦是兩俱不成過也。以法成有法不成因者，夫[六]極成因必須依極成有法，其有法既不共許，故是所依不成過也。故但可以極成之

校注

【一】「諸法」，武邑尚邦釋文存「法」，去「諸」，沈劍英釋「諸法」。【二】「有法不成」，武邑尚邦漏釋。【三】「復」，沈劍英釋「後」。

【四】「餘」，武邑尚邦、沈劍英釋「余」。【五】「指」，武邑尚邦、沈劍英皆釋「指」，字同。【六】「夫」，武邑尚邦釋「先」。

法差別者法上不雜差別法名有法理門論言有法者法不差別者亦有法者法爲法
此外差別者法但由法名差別亦如立宗差別者法注此文
名之但以法差法也　問曰何名法不違差別者法違名因耶
生此量以後因名者法差別之義者法耶　答以此宗已因者言
不差別之此宗本立有自宗不免以此宗爲名者法用爲雜有在
不爲法違差以法差法之一無有香色此宗不立之說理門論說問
無有香等宗不法差別者法自相違自宗不成自宗差等宗不法自相
自許以爲因說　答故法不住不成雜法差者法自相違自宗以
法差之立者法自許不違以爲因　問何等法文相同以本
須以有因相差之以本須說無因說　答因相同以不通之差

一〇九 法成有法上不極成法。故《理門論》云：有法不成於有法及法，
一一〇 此非成有法，但由法故成於法，如是成立於有法。准[一]此論文，
一一一 故知但以法成法也。問：若有法不得成有法者，何故因事
一一二 生比量，以彼因有法成立火有法耶？答：以此處与[二]烟相應
一一三 義成立，此中与火相應義。既以此處爲有法，用兩[三]種相應
一一四 義爲法，還[四]是以法成法，亦无有過。此義亦依《理門論》說。問：
一一五 无常聲家[五]法，法及有法合爲宗，所作亦是聲家法，何故
一一六 別[六]取以爲因耶？答：敵論不許不相離法及有法合爲宗，以
一一七 法成立其法，故別取所作以爲因。問：何故《論》文解同品中不
一一八 汎[七]明有因，解異品中汎說无因耶？答：因於同品不遍亦是

校注

【一】「准」，沈劍英釋「準」。【二】「与」，武邑尚邦釋「灶」，沈劍英釋「竈」。昔余對釋「竈」存疑，今得高清本乃辨出。一一三行第六字「与」同此。【三】「兩」，唐本先作「多」，後朱筆改作「兩」，然旁有朱筆書刪除號（卜），或爲刪「多」。【四】「還」，武邑尚邦釋「并」。【五】「家」，武邑尚邦釋「宗」。【六】「別」，武邑尚邦釋「不」。【七】「汎」，唐本右旁「凡」上加撇，此形見於魏碑，字同「汎」。沈劍英釋「泛」，字同。

與二喻體不明了因義二以宗遍無方是與三喻體釋義以
說無因　云所方法法釋顯喻宗不一法以轉道所以云所一法
以從之義云所有有正體存說之生正遍三性體與釋
不正顯求生　云所友故又既木釋九句作別宗不因不是集
明作作體理之之如是九種二派作釋　喻無宗所所以正住
同云二字性顯勤及正不二支由作量不九作量說無宗云後性
周云云宗　無宗云云無擬在　法宗性才九作二派才初一派
所九宗不作一派明九因云作九句才與四句二云立宗作說性
性私生因與因二以宗遍無與義二以顯才云與云顯用才無
立是與二喻句立云是與回句所立是與四云才說明句

弟二相，故解同[一]不明有因；異品遍无方是弟三相，故解異須[二]説无因。問：西方諸師解懃[三]發義，一師以精進數爲勤，一師以作意數爲勤，何者正耶？答：作意者正通三性，故前解不正，瓶等應皆勤發故。又，《疏》中解九句，所列宗、因並是陳那所説，故《理門》云：如是九種，二頌所攝：常、无常、勤勇，恒、住、堅窂[四]性，非勤、遷、不變，由所量等九。所量、作、无常，作性、聞[五]、勇發，无常、勇、无擬[六]，依常性等九。此二頌中，初一頌顯九宗，後一頌明九因。問：此九句中弟四句云：聲常，所作性故[七]。其因於同品遍无，於異品瓶等有，於兔角等无，應是弟六句，何故乃是弟四句耶？若是弟四句者，陳那何

校注

【一】「同」，武邑尚邦、沈劍英皆漏釋。【二】「須」，唐本原作「法」，朱筆改作「須」。武邑尚邦、沈劍英皆釋「法」。【三】「懃」，武邑尚邦、沈劍英皆釋「勤」。【四】「窂」，乃「牢」之俗字，唐本下部作「干」。武邑尚邦、沈劍英皆釋「牢」。【五】「聞」，唐本原作「聞」，後朱筆塗「耳」，當釋「門」。或整個字塗去。武邑尚邦、沈劍英皆釋「聞」。【六】「擬」下，唐本原有「依」，朱筆塗去。「擬」，武邑尚邦、沈劍英皆釋「觸」。【七】「故」上，唐本原有「性」，後朱筆塗去。

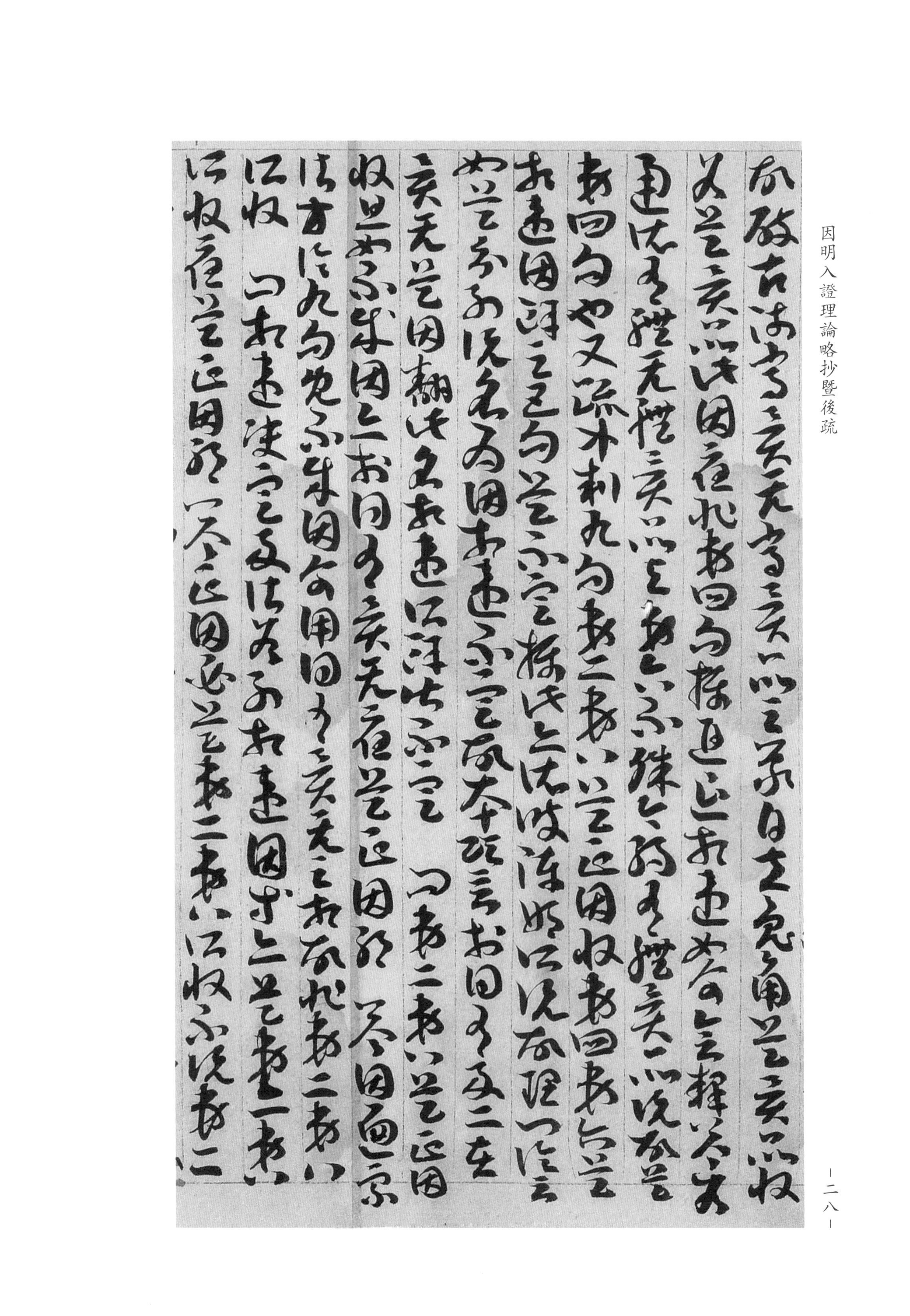

故破古師常異无常異品之義，自立兔角是異品收？

若是異品，此因應非弟四句攝，進退[一]相違，如何會[二]釋？答：若通依有體、无體，異品与弟六不殊，今約有體異品說，故是弟四句也。又，《疏》中判九句，弟二、弟八是正因收，弟四、弟六是相違因，餘之五句是不定攝，此亦依彼陳那所說。故《理門論》云：如是分別說名爲因、相違、不定，故本頌言：於同有及二，在異无是因；翻此名相違，所餘皆不定。問：弟二、弟八是正因收，且如不成因亦於同有、異无，應是正因耶？答：因遍宗法，方論九句，既不成因，何用同有、異无之相，故非弟二、弟八所收。問：相違決定及法若[三]別相違因等亦是弟二、弟八所收，應是正因耶？答：正因必是弟二、弟八所收，不說弟二、

校注

【一】「進退」，武邑尚邦未釋。【二】「會」，沈劍英釋「言」。【三】「若」，武邑尚邦釋「差」。沈劍英釋「若」，注：「若」，當爲「差」之誤。

故以此正因探顯法不定之二不相違論云聲無常故因疏
云若者無常如空之等者至云舉之一無常如空之比況性故
私如前說若者比[illegible]之不離若前比況故是如所舉比況之一是
故之三因宗若比況比是故所舉比況故非所至宗空
之不定者一故亦不同宗比況比利但因相本宗了三相者之
不同宗利若亦空也又有問答云問相是宗所因同以法
宗之性疏有云宗同之法所同所況因同通二不法因同
以同之此因相以比同二宗同名[illegible]同[illegible]以也法二宗之性者同
法二宗之法支法性若比此有理[illegible]不離因同以三之所說
是以比法二宗之性文本不所云合者是說之無常若云

第八皆正因攝，約此義説，亦不相違。《論》云：是无常等因疏[一]。云等者，等[二]无我、苦、空也，乃至云聲亦无我、苦、空，所作性故，猶如瓶等者，此恐[三]不然，若瓶[四]所作故是苦，顯聲所作亦是苦；亦可聖道等所作非是苦，顯聲所作非苦耶？乃至成空，亦不定過。故知不得定作此判，但可於中必具三相者等之，不得定判等苦、空也。又解喻。《論》云：謂於是處顯因同品決定有性。《疏》解云：處謂有法；顯謂顯説；因謂遍宗法因；同品謂与此因相似，非謂宗同[五]名同品也；決定有性者，謂決定有所立法性。若作此解，理恐[六]不然。因同品言可顯瓶上所作，決定有性，文中不顯，云何知是瓶上无常？若言

校注

【一】「疏」，唐本原作「緣」，朱筆改作「疏」。武邑尚邦、沈劍英皆釋「緣」。沈劍英注：「緣」，係衍字，《因明入正理論》無此字。【二】「等」下，沈劍英補「取」。【三】「恐」，唐本原作「亦」，朱筆改作「恐」，武邑尚邦、沈劍英皆釋「亦」。【四】「瓶」，武邑尚邦釋「離」。【五】「同」，右有朱筆小點，似刪。【六】「恐」，唐本原作「即」，朱筆改作「恐」。武邑尚邦、沈劍英皆釋「即」。

以上指證文云問若以比量所因同品定有除無常所量
法言是性故法者是生是生此之宗難得宛然云
是定指證合因復說如相狀者不同以所法者所是之一者又
宗不同品定不故無常是因同品定合所以比又比此得遠
證下比論明以證云由如是說然所示因同品定是亦品通
無此類例說是比文成者同品所因同品定是性亦法品
因亦品通無性成者不同比此得也定得云若品是定者
問品所言定也所問說也所說合所問所因也所因合所所
有二同品定是性也若比此得不違證文之一無如上以是自
生也踈中是人得踈明以今以比無常然同外品以比無常
但顯然同為宗品證者云宗破如踈中違之云更明能云若下然

以[一]下指體，文言：謂若所作，即是[二]顯因同品[三]，「見彼无常」，即是[四]決定有性[五]。據下次弟知上必然者，此亦不然。懸解既先言是處指體，何因後[六]說如瓶？故知不得以下次弟顯上亦然。又，宗同品既不取无常，其因同品云何乃取所作？又，作此解違《理門論》故，彼論云：由如是說，能顯示因同品定有，異品遍无，非顛倒說。准[七]此文，故知同喻顯因同品定有性，異法喻顯[八]因異品遍无性，故知不得作此解也。應解云：若於是處者，謂於瓶等處也。顯謂說也。顯說何事？謂顯因也，顯因何相？顯顯[九]弟二同品定有性也。若作此解，不違《論》文，亦无如上所有過失也。《疏》中有人解陳那以聲所作、无常能同外瓶所作、无常，但取能同爲喻體者，廣破如《疏》中述。今更助難云，若取能

校注

【一】「以」，沈劍英釋「此」。【二】「是」下，沈劍英補「前」。【三】「品」下，沈劍英補「也」。【四】「是」下，沈劍英補「前」。【五】「性」下，沈劍英補「也」。【六】「後」，唐本原作「復」，朱筆改作「後」。武邑尚邦、沈劍英皆釋「復」。【七】「准」，沈劍英釋「準」。【八】「顯」，武邑尚邦未釋。【九】「顯」，武邑尚邦、沈劍英皆未釋。

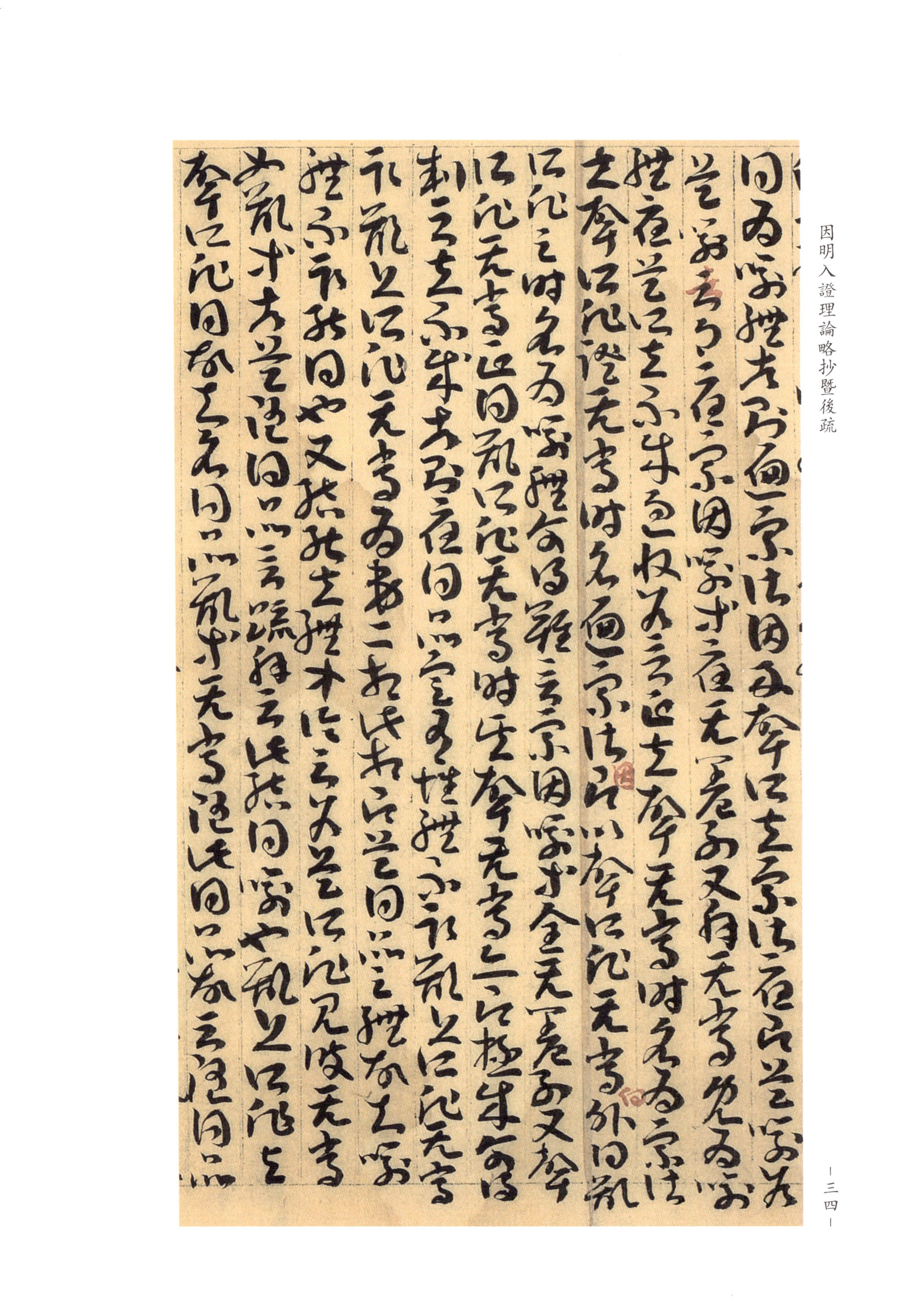

一六一 同爲喻體者，則遍宗法因及聲所立宗法，應即是喻，若
一六二 是喻者即[一]應。宗、因、喻等應无差別。又解，无常既爲喻
一六三 體，應是所立不成過收。若言正立聲无常時，名爲宗法，
一六四 立聲所作證无常時，名遍宗法，因[二]即以聲所作、无常向[三]外同瓶
一六五 所作之時，名爲喻體，何得難言宗、因、喻等全无差別？又，聲
一六六 所作、无常正同瓶所作、无常時，其聲无常，亦即極成，何得
一六七 判云立不成者？則[四]應同品定有性體不取瓶上所作、无常，
一六八 取瓶上所作、无常爲弟二相，此相即是同品之體，故知喻
一六九 體不取能同也。又，結能立體中，《論》云：若是所作見彼无常，
一七〇 如瓶等者，是隨同品言。《疏》解云：此結同喻也。瓶上所作与
一七一 聲所作同，故知名同品；瓶等[五]无常隨此同品，故云隨同品。

校注

【一】「者」，唐本原作「云」，朱筆改作「者」。「者即」，武邑尚邦釋「云□」，沈劍英釋「云同」。【二】「因」，武邑尚邦、沈劍英皆漏釋。

【三】「向」，武邑尚邦、沈劍英皆漏釋。【四】「則」，武邑尚邦釋「即」。【五】「等」，沈劍英釋「上」。

由瓶無常證同以顯所立無常之證所作因也此正立
之所作無常證瓶所作無常若是證因以也已之更助釋云
同法者若是所作因證宗之同以下更是所作因
同品定有性云云又證此釋已所因有二初文有同喻文
又此非文此有諸證所不來者也作云又若是所作證
為其實有是無異品云云時釋云此非之無喻若無之無常
宗不定異品非所作因也以之更助釋云同法喻見所因
證定宗之同品有云無法喻者見所因定異品宗之有以所因
以遍無性也若釋無亦證無常宗不定所作之因定異品也釋
非非有不有許文除中有無異品云同喻二所有無云云
有三喻無同所有同喻所非無同有喻之云法異證無云

由瓶无常隨同品故，即顯聲无常亦隨所作因也。或可聲上所作、无常隨瓶所作、无常，故名隨同品也。今更助解[一]云：同法喻言是顯所作因，隨逐宗之同品處有，即是顯因同品定有性之言。若作此解，即顯因弟二相文并同喻文及此結文皆相隨順，不乖違也。《論》云：若是其常，見非所作，如虛空者，是遠離言。《疏》解云：此結異喻[二]。无所立无常宗處，遠離能立所作因也。今更助解云，同法喻既顯因隨逐宗之同品，異法喻應顯因遠離宗之異品，即顯異品遍无性也，應解无所立无常宗處所作之因遠離也。解結能立中遮[三]計文，《疏》中問答云：問：唯三能立，无異義成；能立唯三[四]，无同得立？答：同喻順成，无同闕助，異法止濫，无異

校注

【一】「解」，沈劍英釋「釋」。【二】「喻」下，沈劍英補「也」。【三】「遮」，武邑尚邦釋「廣」。【四】「唯三」，唐本作「三唯」，中有倒乙符。

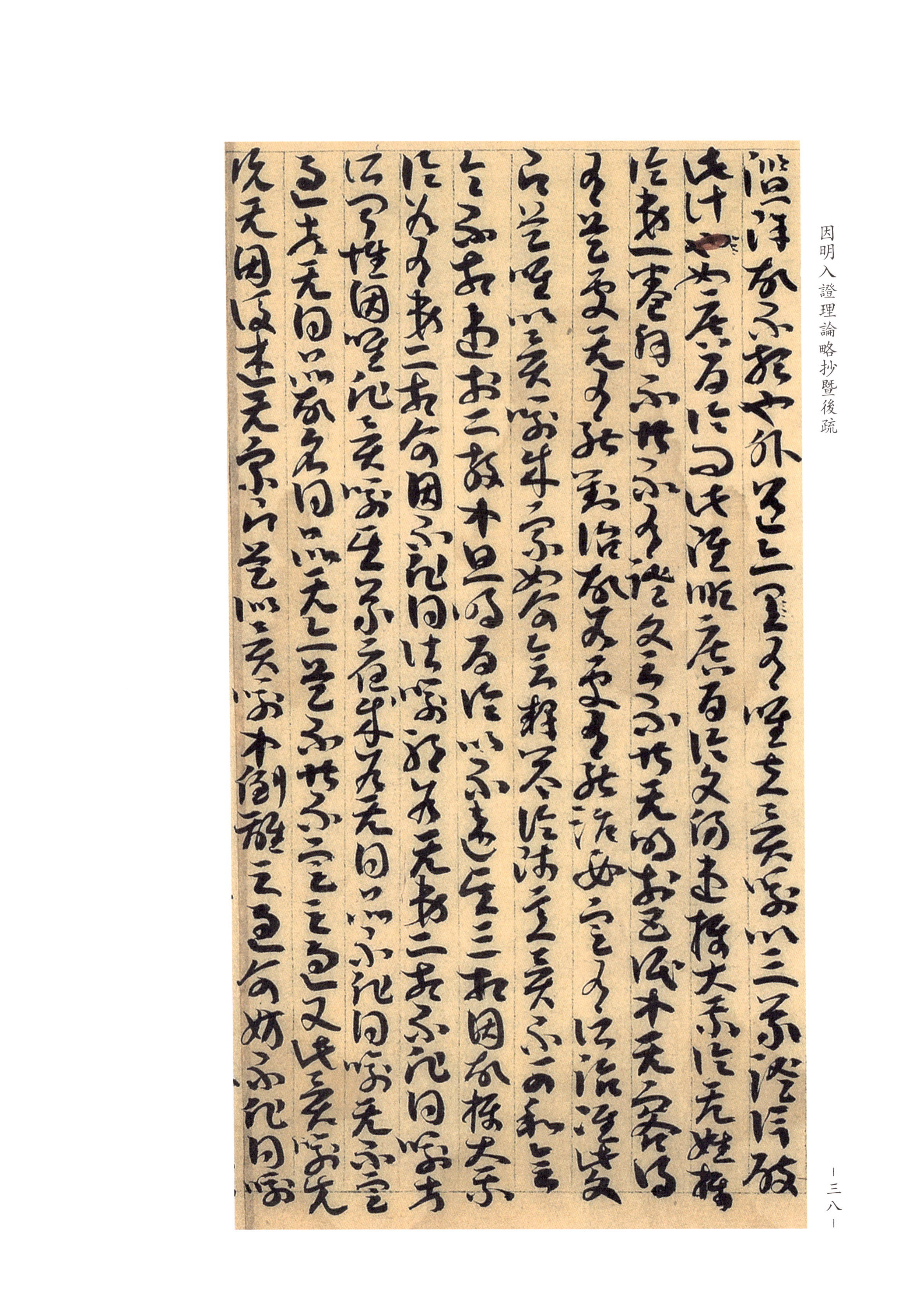

一八三 濫除，故不類也。外道亦[一]有唯立異喻。以三義證，斥破

一八四 此計[二]，如《廣百論》。問：此雖[三]順《廣百論》文，仍違《攝大乘論》无
姓[四]《攝

一八五 論》弟一卷解不共不有，證文云：不共无明於五識中无容得

一八六 有；是處无有能對治故；若處有能治，必定有所治。准[五]此文，

一八七 即是唯以異喻成宗，如何會[六]釋？答：論師意[七]，異不可和會，

一八八 令[八]不相違於二教中，且明《百論》，以不違其三相因故。《攝大乘

一八九 論》若有弟二相，何因不作同法喻耶？若无弟二相不作同喻者，

一九〇 所聞性因唯作異喻，其義應成，若无同品不作同喻无不定

一九一 過者，无同品故名同品无，亦是不共不定之過。又，此異喻先

一九二 說无因，後述无宗，即是似異喻中倒離之過，何妨不作同喻

校注

【一】「亦」下，唐本有「具」，旁有刪除號。武邑尚邦、沈劍英皆不刪。【二】「計」下，唐本有「也」，旁有刪除號，又用朱筆塗之。武邑尚邦、沈劍英皆不刪。【三】「雖」，武邑尚邦釋「唯」。【四】「姓」，武邑尚邦釋「性」。【五】「准」，沈劍英釋「準」。【六】「會」，此行兩見，沈劍英皆釋「言」。【七】「意」，武邑尚邦釋「定」。【八】「令」，武邑尚邦釋「今」。

亦是因也或是明因所依　釋以宗不以比量共許意疏云是如
世俗有為實大乘云現在法法體有力用亦復果有意體有
如有為未才已滅宗宗共許世比量云現在法法體之有力用
於世法果生因損有如有為之未才　問體有力用能有的法者
釋云能有為未現以為之未來第三於世法果有法理其宗能比
此量有為三種理現在之有利比量有為之宗共許有為之比量有
此三量共許之不是如大乘小乘現在法法能現有為未來量有
體於世法果宗宗是三的比正宗共許宗於果宗正比量名
此量共許曰一如理未來於世量正宗共許和實質無
正比量因有是比量共許理故有之不得以正宗共許宗正

亦是過也，故且明《百論》所説。解似宗中以[一]比量相違，《疏》云：且如薩婆多對大乘云，現在諸法獨有力用取後果有異[二]體故，如過、未等。即此宗義違共比量。比量[三]云[四]：現在諸法定有力用取等流果，世所攝故，如[五]過未等。問：獨有力用，形何法耶？諸師解云：形過、未説，以過去、未來不取等流果故者。理恐[六]不然。此比量過三藏所説，豈可判此无過之宗，違有過比量，名比量相違？何者？且如大乘、小乘現[七]在諸法形彼過、未實有，獨取等流果義，豈可以此正義，違不取果，不正比量，名比量相違？且如《論》私瓶等是常，不正之義違初无後，无正比量因，故是比量相違所收，故知不得以正義違不正

校注

【一】「以」，武邑尚邦釋「明」。【二】「異」，武邑尚邦釋「實」。【三】「比量比量」，武邑尚邦釋「違共比量者」，沈劍英釋「比比量量」。【四】「云」，沈劍英釋「雲」。【五】「如」上，沈劍英釋增「猶」。【六】「理恐」，武邑尚邦釋「俱亦」。「恐」，唐本原作「亦」，朱筆改作「恐」。【七】「現」，唐本原作「既」，朱筆改作「現」。武邑尚邦釋「既」。

此三量名比量者是也若爾三支合為餘此得比量者是能
所以得三支之云現在法法能因所發智有其力用耶
源果如是方名二宗正宗是也大小宗因所發智亦了果之宗
宗是比量者是以指也生以是三比量皆名者仁現但宗
之云現在法法能因所發智量之元方用耶了源果也若
所此得所所發宗是也正此三量如發內數果所因明也
隨云量者也法法自是了發疏云合發是也彼現量才已量宗
亦者以比量宗量者也法法自是了發隔發量法法自是正發
自是所乎才以了通生乎此以了宗名之為了云云發
所以了者亦此發之自是理者也以了之了發牛為也也汗回程

二〇三 比量，名比量相違也。若尔[一]三藏何故乣此解比量相違耶？
二〇四 答：今解三藏意云：現在諸法，離因緣扶助，獨有力用取等
二〇五 流果，如是方名不正之宗，違大、小乘因緣扶助取果之義，
二〇六 故是比量相違所攝也。其所違三比量，如何前所説，但宗
二〇七 意云，現在諸法，離因緣扶助，定无力用取等流果也。若
二〇八 作此解，即顯邪宗違正比量，妙扶[二]内教，善順因明也。
二〇九 《論》云：是遣諸法自相門故。《疏》云：何故違彼現量等五是宗
二一〇 過者？以此五宗是遣諸法自相門故。謂聲是諸法自相，其聲
二一一 自相爲耳等所聞，通生耳識，即所聞義，名之爲門。今言聲
二一二 非所聞者，不失聲之自相，但遣所聞之門，故成過也。餘四種

校注

【一】「尔」，武邑尚邦、沈劍英皆釋「爾」，字同。【二】「扶」，武邑尚邦釋「技」。

色聲法之大乘又大德自云法才色色違宗相違又法但害有
法有名為法之體相名為自相言者方便不得自意云不如
說今此比中立意許宗違今之比言了法自相方便也亦得云云
此之種法自相為相違宗之比底害有云意許法法自相
有也有意立為有今此比中宗不立為立敵與此所立意比了相違
之宗不害比比了法自相也所立意許宗不立為而無但無三相
之因比所無常有違之宗不害常法自相也緣作立今為常
立為自敵說今無常有違之宗不害常法自相也緣竟比
因立宗不立為立一為人此法意因有違之宗不害比因自相
也宗母意不如意宗不立為宗母有違之宗不害不如法自相也

過，類此可知。更有大德解云：此中五過不違有法，但遣於法，故名爲法，法之體相名爲自相。門者方便義，謂自立宗，如說聲非所聞，即是遣違聲，上所聞法自相方便也。今解云：即此五種法自相爲相違義之所遮遣，故言是遣諸法自相門故也。何者？且如聲非所聞宗，即爲立、敵耳識現量所聞相違之義，遣非所聞法自相也。瓶等是常宗，即爲初无、後无三相之因所顯无常相違之義遣常法自相也。勝論立聲爲常，即爲自教說聲无常相違之義，遣常法自相也。懷兔[一]非囝[二]等宗，即爲世間多人共許是囝相違之義，遣非囝自相也。我母是石女宗，即[三]爲我母相違之義，遣石女法自相也

校注

【一】「兔」，武邑尚邦、沈劍英皆釋「兔」。按，「兔」奴侯切，音羺，字同「䨲」。《集韻・侯韻》：「䨲，江東呼兔子爲䨲，或作兔。」

【二】「囝」，武邑尚邦、沈劍英皆釋「月」。按，《集韻・月韻》：「月，唐武后作囝。」查《唐夫人小姑志》（原石題《大周故唐夫人墓誌銘并序》），「月」作「卐」。又，趙海明《碑帖鑒藏》表載「卐」始自載初元年正月（六八九年十二月），聖曆元年正月（六九八年十二月）廢卐，用「𠥱」。依此知此卷書於上述九年間。

【三】「即」，原作「亦」，後用朱筆塗刪，右側書「即」。武邑尚邦釋「即亦」，沈劍英釋「亦即」。

此意法性大因明後説而自爲因有不違了引此見宜云宜
教自相不分更説詳釋也　得不成因本隨一許人自實成
言以不極成宗有法不成因法法故云若以不極成宗有法
不成者以了性因立不極成宗二不宜言不成因見是成因有
立因體不成有法不成也若作此救者隨若救云以了性因
隨不得作同所成宗二得作言所別有不得言不極成
宗不生二不成因必宜云不極成二宗不有法不成也若作此救
隨宗不立成有不得弱以中因難也之更助救云若以不極成
宗不有法不成者生法自者之意因同以外有不得作同所
所成之言以宗因有不得作言所別所依不成宗法不成因

此並依彼大因明説，如[一]彼論初自分明解，不須[二]具引此。既是聖教自判，不勞[三]更作[四]餘釋也。解不成因中，《疏》中引餘人解不成言，以不能成宗故，名不成因。法師破云：若以不能成宗故名不成者，所聞性因亦不能成宗，應是不成因；既是成因，故知[五]因體不成，故名不成因[六]也。若作此破者，彼若救云，所聞性因雖[七]不得作同喻成宗，亦得作量喻[八]反顯，故[九]不得言不能成宗。其不成因必定不能成宗，故不成宗[一〇]名不成也。若作此救，彼義還[一一]成，故不得約所聞因難也。今更助破云，若以不能成宗故名不成者，其法自相相違因同品非有，故不得作同喻順成，異品有因，故不得作異喻反顯，應不成宗，名不成因？

校注

【一】「如」，武邑尚邦、沈劍英皆漏釋。【二】「須」，武邑尚邦釋「法」。【三】「勞」，武邑尚邦未釋。【四】「作」，沈劍英釋「非」。《左傳·宫之奇諫假道》「晉不更舉矣」，與此「不勞更作」，可相參考。【五】「知」，武邑尚邦釋「立」。【六】「因」，武邑尚邦、沈劍英皆漏釋。【七】「雖」，武邑尚邦釋「唯」。【八】「量喻」，沈劍英注：「當係『異喻』之誤。」【九】「故」，武邑尚邦漏釋。【一〇】「宗」，武邑尚邦、沈劍英皆漏釋。【一一】「還」，武邑尚邦釋「并」。

隨不成宗不由過過不作故是攝一成因所因種不成名不成
也　又疏本解隨一不成名之三云隨一者謂不成亦有三種
或立因喻自不成他成或立因喻他不成自或立因或自
他更立不成等是不但是喻他不成自不成是他不
成等攝故名隨一不成或隨是二因名是自他等不成隨是
疏文云是不成本言三不成三本隨一故名隨一以他隨
理不如然羅云又以三不成本隨一故名隨一本以二種四不成
本隨一故名隨一故不成亦名隨一又言三不成本言是等三種本隨一
本名隨一本以二四名隨不成本言是又以二之本隨一名隨一言二
本隨自他一不成也凡是所色故先不隨他是有也以有言曰

雖不成宗，由遍宗法故是極成因。約因體不成名不成也。又，《疏》中解隨一不成名之[一]言：隨一者，此不成中含其三種：或有因唯自不成非他，或有因唯他不成非自，或有因或自、或他更𠀋[二]不成。今此中但是唯他不成，非自不成，是此不成攝故，名隨一不成，非謂此之一因，即是自、他𠀋不成。准[三]此《疏》文，即是不成中含三不成，三中隨一，故名隨一。若[四]作此解，理不必然。難云：若以三不成中隨一故名隨一者，亦應四不成中隨一故，兩俱不成亦名隨一。若言一不成中含容三，三中隨一者名隨一者，亦可兩俱不成含容二，二中隨一名隨一。言二者謂全分、一分等也。既有斯過，故知不得作此解也。今解云：且

校注

【一】「之」，武邑尚邦釋「云」。【二】「𠀋」，武邑尚邦、沈劍英皆釋「互」，字同。【三】「准」，沈劍英釋「準」。【四】「若」，唐本原字似「各」，朱筆改作「若」。

此前經不生由是故經不生故是經一不生由是一人不許故
名經一也有難極不生中說二為生大種和合火有識二
為水為水大為此所為地大為本有風為風大又此本大為
有天為三字說為性四大為二大種和合也為比有經無不
能以烟生火此言以為水此所為大種和合又以烟生火此言
性四大和合火所為乙不得現比有也乙有云火為二種一者
大種和合所生火如火爐中者地大等和合故二者性火如燧
木木是火性故為舊性火故云大種和合火也　釋曰云云通
不然文中說二者無常二以所聲是因常無常外道也故
疏有云是釋第不也是本常宗不以空也空等為不同二以亂等為

二四三 如兩俱不成由立、敵俱不成故，知隨一不成，由隨一人不許故

二四四 名隨一也。解猶豫[一]不成中，《論》云：爲成大種和合火有。《疏》云：

二四五 河[二]水爲水大，河岸[三]爲地大，於中有風爲風大。又山等中若有

二四六 河[四]、无河之處，皆[五]有性四大，故云大種和合也。若作此解，理恐[六]不

二四七 然。以烟成火，豈從河水、岸等爲大種和合耶？又，以烟成火，豈論

二四八 性四大和合火耶？故知不得作此解也。今解云：火有二種：一者

二四九 大種和合事火，如火聚中有地大等共和合故；二者性火，如彼

二五〇 木中有火性故。爲簡性火，故言[七]大種和合火也。解不定過

二五一 不共文中，《論》云：常、无常品皆離此因，常、无常外餘非有故。

二五二 《疏》解云：此釋義也。此中常宗以虛空等爲其同品，以瓶等爲

校注

【一】「豫」，唐本左旁作「犭」，字形見黄征《敦煌俗字典》第二版第一〇一〇頁。又「予」書作「矛」，字形始見於魏碑。【二】「河」，草書「河」「何」每同，釋從文義。【三】「岸」，唐本「干」作「丅」，字形見於北齊《静明造像記》。【四】「河」，唐本原作「何」，朱筆改作「河」。【五】「皆」，武邑尚邦漏釋。沈劍英在「皆」下注：今本無「皆」字。【六】「恐」，武邑尚邦釋「亦」。【七】「言」，唐本原作「知」，朱筆改作「言」。武邑尚邦、沈劍英皆釋「知」。

無異品以無法同喻是比量之龜毛等無擬入無常品以本
後亦可云更有難法如此因宗以為同品同品以離常無常二
以法外更無非常非無常者即三以外無如此性擇理亦然
是如龜毛等非體無法中之因既是常住之宗為同法
以宗非不共宗之法為常住無體無法二法云何立彼以為同
以宗有此自不遍非法為言龜毛是非常非無常遠為不同此
無異以為住此有非此說也然不非不共之宗何以此中住之法
云隨不非不共何處住釋以為何有自共中不共住要
至不共方住所又應為二常無常以此離此因亦自不共之為
義宗云云常無常外體性有何兔角是住體以不釋之不共之為何
云云兔角是釋之為同何以云體性有所兔角新為一何有不同此

二五三 其異品，其所聞義遍皆非有。龜毛等无，攝入无常品中

二五四 復不可言，更於餘法有此因義以爲同喻，以餘常、无常二

二五五 品法外更无非常，非无常弟三品故。若作此釋，理[一]恐不然。

二五六 且如龜毛等，若有能立所聞之因，及有所立常住之義爲同法

二五七 喻，乖不共義可須遮防；既无能立[二]、所立二法，云何[三]彼以爲同

二五八 喻？故知此解不益[四]斯論。若言龜毛非常、非无常，恐爲不同非

二五九 異品，爲遮此故，作此說也，既不乖不共之義，何須此中遮之？若

二六〇 言雖不乖不共，何廢[五]遮餘品苦[六]，何故前解共中不遮，要

二六一 至不共方遮耶？又，上句云：常、无常品皆離此因，正解不共。下句

二六二 言[七]常、无常外餘非有故，既是遮餘品，不釋上不共之句；故

二六三 言既是釋上句詞，故[八]須言餘非有耶？既有斯過，故知不得作

校注

【一】「釋理」，唐本作「理釋」，中有倒乙符。【二】「立」，唐本似「世」。【三】「何」下，唐本有「立」，旁有刪除號。【四】「益」，武邑尚邦未釋。【五】「廢」，武邑尚邦釋「廣」。【六】「苦」，武邑尚邦未釋，沈劍英釋「者」。【七】「言」上，唐本有「氣」，朱筆塗刪，旁亦加點刪。武邑尚邦、沈劍英釋「舉」。【八】「故」，沈劍英注：「故，疑爲何之誤。」

此聲宗上聲言常無常以外能顯此因者，正聲不共不定，常無常外聞
性者，於常無常外，有聲聲不共也。言常無常以外能顯此
因所聲聲言如今望法，對論者之一切有者，今時是常因言
法中性所聞，宗不以外法法設法常無常以是宗不聞所性，是法中因
也此聲是所聞宗不已外聞常無常性，是法中性因所言常無常
外聞性是於也若法此聲亦是聲之得聲不共不定也。又瓶盆等是
言為法言通二法通兩無常以不定根法中同法無常不兩無常為
性不定底如瓶等是此因宜兩無多法之今聲不通同無於是
空又虛空木等是常的法兩彼兩此人彼人之是不正在不定
之此法可性同之是不在聞以為在聞不令今之通在同無常
無常是不定若無性聲理證不能山木等木性常的兩能

此解也。今解云：常、无常品皆離此因者，正解[一]不共義；常、无常外餘非有故，釋成不共也。云何釋成？且如問言：何故常、无常品皆離此因耶？釋成云：如聲論師對仏弟子立一切音[二]聲皆是常，因云所聞性故。除宗以外，仏法、敵論常、无常品是宗餘，故非有所聞因也。此解即顯除[三]宗已外餘常、无常非有所聞性因，故言常、无常外餘非有故也。若作此解，即是釋上句成不共義也。又《疏》中問答云：問：所量通二品，遍屬異品不定收；所聞同雖无，不屬異品非不定。廣如《疏》說。答：此因唯屬有法之聲，不通同、異，故是不定。又如山中草木，无的所屬，然有屬此人、彼人之義，即名不定。今此所聞性因亦尔[四]，不在餘品，若在餘品，即空[五]通在同、異品義，故是不定。若作此釋，理恐不然。山中草木，雖无的屬，然

校注

【一】「解」，武邑尚邦釋「釋」。【二】「音」，武邑尚邦未釋。【三】「除」，武邑尚邦釋「餘」。【四】「尔」，武邑尚邦、沈劍英均釋「爾」，字同。下不再注。【五】「空」，武邑尚邦釋「容」。沈劍英釋「空」，並注：「空」，當係「容」之誤。

是有法自性故名法體是不定意許法中唯因定有奪宗
云云不通同異二品云合同時有不定故言不過此釋
也若爾不共不通同異為合同共有不定亦得云共之通故
同異品俱定為同法是　因不共不通同異品為各法亦
不定合有是如共亦通故同品異品各自不定亦
為是同法無是無異法也　因不共之因不通同品異品亦
於是亦不定是也為異法於是之所言無常定是不定也為
用此類前云不定是無常不定此同中所奪是同中奪宗
是云常住也宗之不定也之是之常住定是此同了所奪宗是同了奪
前是云常住宗此類故大共之前同有異而為同法故此宗

二五五 有可屬此人[一]、彼人，故許草木有不定義。所聞性因唯屬聲宗，
二五六 畢竟[二]不通同、異二品，云何同彼解不定耶？故知不得作此釋
二五七 也。若尔，不共不通同、異，如何同共解不定耶？今解云：共過通彼
二五八 同、異品，俱爲同法是；因不共，不通同、異品，各爲[三]異法，成
二五九 不定。何者？且如共過通彼同品、異品故，即以虚[四]空、瓶等
二六〇 爲其同法成常、无常故是；因[五]不共之因，不通同品[六]、異品中
二六一 故，還[七]以色等、虚空爲異法故，亦顯常无常是不定也。若
二六二 用此難，應云色等是无常，色等非所聞，顯聲有所聞，聲即
二六三 是常住；亦可虚空是常住，虚空非所聞，顯聲有所聞，聲
二六四 應是无常住[八]。准此難，故知共過約同有、異有爲同法，故順成

校注

【一】「人」，武邑尚邦、沈劍英皆漏釋。【二】「畢竟」，武邑尚邦漏釋「畢」，釋「竟」爲「意」。【三】「各爲」，武邑尚邦釋「各」爲「名」，漏釋「爲」。【四】「虚」上，唐本有「遮」，朱筆塗之並點删。武邑尚邦釋「廣」。【五】「因」，唐本原作「同」，朱筆改作「因」。沈劍英漏釋「爲」。【六】「品」，武邑尚邦漏釋。【七】「還」，武邑尚邦釋「重」。【八】「住」，唐本中朱筆塗之，似删。武邑尚邦、沈劍英皆釋「住」。

不定品非有已翻同無義無為義故及所作難穩也　又疏本
品又云一如立宗不云一切無常是常因云以是無常故常無常品
作離此因常無常外別又此乃上二種皆是不共已翻不定
是異法宗是法生因乃云以是無常故此因是所立宗法
謂異法外更無此所異非宗不法故非不共已攝但是所立宗不定
此得立理一切同品是異法不得生異法　又疏本得以中性
因是此不共以無常法證以有子立此因無常自定是二義
聖言量此正是謂無常以外無以中因無常是聖此不共已者理
又云不能是如此有以無常而定是義以生以中性因非所定量
定得名為此不共也又亦云合名為不共亦得云證共同品
義以下無名為不共唯此以法聖無常此法之以下性因定

二六五 不定；不共過約同无、異无爲異[一]，故反顯成猶豫也。又，《疏》中
二六六 問答云，問：如立宗云一切聲是常，因云以是聲故。常、无常品
二六七 皆離此因，常、无常外餘復[二]非有，亦應唯是不共過耶？答：聲
二六八 是有法，常是法[三]，立因乃云以是聲故。此因是所立有法，
二六九 除有法外更无此[四]別義，非宗法故，非不定攝，但是俱不成過。
二七〇 此解与《理門論》同，即是有法不得成有法。又，《疏》中解所聞性
二七一 因是他不共，以聲論師對仏弟子立此因故。望自既是三相
二七二 具足，望他即是除聲以外无所聞因，故是唯他不共過者，理
二七三 恐[五]不然。且如他方仏聲等，既是異品，其所聞性因於彼既有，
二七四 何得名爲他不共也。若尔云何名爲不共？今解云：望共同品、
二七五 異品中无，名爲不共，准[六]此仏法對聲論師立所聞性因，既

校注

【一】「異」下，沈劍英釋多「法」。【二】「復」，朱筆改痕似「後」。【三】「法」下，唐本有一字，朱筆塗之並點刪。【四】「此」，武邑尚邦漏釋。【五】「恐」，武邑尚邦、沈劍英皆釋「亦」。【六】「准」，武邑尚邦釋「雖」。

於他有法差別上立有法差二種同異以無常為不共疏判為
自不共者非也　自者意法差之文本說云此二種是相違因
所作為不定疏解云此即違也今勝二說此二量生有
於後云此是相違云此二比三量違無所違互論人所說所
理云是非同彼相違云一有法差不成及因所以云有法
所作相違名為不定者如立聲是無常即違生也故不相違之
有法之說相違人難所作是相違因所為不同以說難利為不定也
亦有云今宗二說違亦立宗差別此因立敵此說為之二者云
不違頓反立自宗差別為此因式所云此二種相違因也
於所說相違人所有不定也有者且如聲說有相違云為如宗

於他方仏聲上有，故知亦共同、異品无，名爲不共，《疏》判爲自不共者，非也。解相違决定文中，《論》云：此二皆是猶豫因故，俱名不定。《疏》解云：此結過也。問：聲、勝二論比量皆成，何故復云皆是猶豫？答：此二比量雖无餘過，然令[一]證人、結衆不[二]測[三]理之是非，謂彼疑云：一有法聲，其宗乐[四]反，因、喻各立，何正何邪？故俱猶豫，名爲不定者。如真能立无有過失[五]，敵不疑亦應邪衆、證人疑故是猶豫因？故知不得以衆疑判爲不定也。

今解云：聲、勝二論師[六]，雖各立義，然彼此因立、敵皆信各具三相，言中雖後[七]確立自宗，然心皆爲彼此因或[八]，故[九]言此二皆猶豫因，非約邪衆、證人心解不定也。何者？且如勝論心猶豫云，爲如我

校注

【一】「令」，唐本原作「意」，朱筆改作「令」。武邑尚邦、沈劍英皆釋「其」。沈劍英注：《文軌疏》卷二作「令」。【二】「不」，武邑尚邦漏釋。【三】「測」，武邑尚邦釋「即」。草書「測」「側」混之。【四】「乐」，沈劍英釋「樂」，其注：《文軌疏》卷二作「互」。【五】「失」，武邑尚邦釋「先」。【六】「師」，武邑尚邦、沈劍英皆漏釋。【七】「後」，唐本原似「復」，後朱筆改作「後」，武邑尚邦、沈劍英皆釋「復」。【八】「或」，武邑尚邦釋「惑」，沈劍英釋「或（惑）」。「或」「惑」古通假。【九】「故」，沈劍英漏釋。

所作性因立敵共許具足三相有能證聲無常所為如瓶所作性
因立敵共許具足三相有能證聲常所以又聲證決定猶豫云為
如聲所作性因立敵共許具足三相有能證聲常所以為如瓶所作之
因立敵共許具足三相有能證聲無常所以能違立敵云也
自相相違故名不定也又作文十四余等作不因定於余聲
作不因定於者是法因明法自相違法二之難也以法自因難勢
因者意違法二之共二相翻三相難云所作之因具三相聲
所立無常之二句所作之因具三相聲常是常證一聲二宗
難之同品有云既有所作有無常所聲所作之一無常之一是聲性
所作是常證聲所作是常　難云同品有云定之宗也云是之
常無所作聲有所作無常之二宗無常所作聲既

所作性因，立、敵皆許具三相故能[一]證聲无常耶？爲如他所聞性因，立、敵皆許具[二]三相故能證聲常耶？又，聲論師心猶豫云，爲如我所聞性因，立、敵皆許具三相能證聲常耶？爲如他所作之因，立、敵皆許具三相故能證聲无常耶？故知但約立、敵之心自猶豫故，名不定也。又，《論》文中先私勝論宗、因、喻，後私聲論宗、因、喻者，且依因明法作相違決定難也。若依此因難勢，用[三]相逺[四]決定有二。一、揔約三相難，應云所作之因具三相，聲即是无常；亦可所聞之因具三相，聲應是常住。二、別約二喻難，難同喻云，瓶有所作故无常，顯聲所作亦无常；亦可聲性所聞是常住，顯聲所聞即是常。難異喻云：虛空是常无所作，聲有所作即无常；亦可電等无常，非所聞，聲既

校注

【一】「故能」，沈劍英漏釋。【二】「具」，武邑尚邦釋「是」。【三】「用」，沈劍英釋「因」。【四】「逺」，武邑尚邦、沈劍英皆釋「違」，字同。

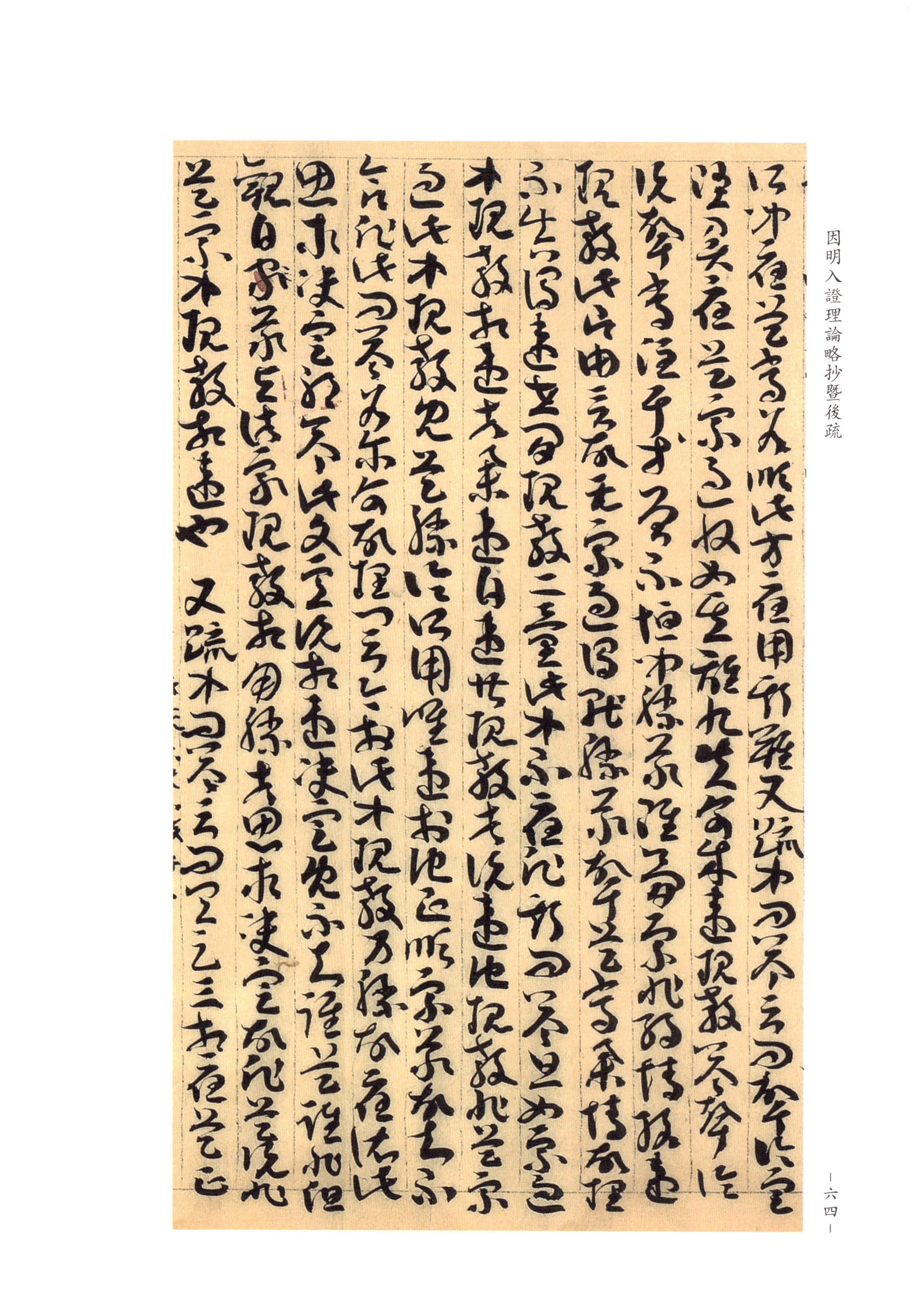

[illegible]

所聞應是常。若順此方，應用斯難。又，《疏》中問答云，問：聲論定墮負，應是宗過收，如其離九失，何成違現、教？答：聲論說聲常住，耳等曾不恒聞。勝義雖簡宗非，約情終違現、教。此即由言故无宗過，謂就勝義，聲是常[一]，私[二]情故理不真，謂違世間現、教二量。此中不應作斯[三]問答。且如宗過中現、教相違者，私違自、違共現、教者，說違他現、教，非是宗過。此中現、教既[四]是勝論所用，唯違於他，正順宗義，故知不合作此問答。若尔何故《理門》云[五]：今於此中現、教力勝，故應依此思求決定耶？答：此文意說，相違決定既不知誰是誰非，但觀自[六]義与諸家現、教相用勝者思求決定，故作是說，非是宗中現、教相違也。又，《疏》中問答云，問：具足三相，應是正

校注

【一】「常」上，沈劍英補「其」，並注：據《文軌疏》卷二補。【二】「私」，武邑尚邦釋「據」。【三】「斯」，武邑尚邦漏釋。【四】「既」，武邑尚邦釋「即」。【五】「云」，武邑尚邦釋「言」。【六】「自」下，唐本有「家」，朱筆塗中，旁又點刪。武邑尚邦、沈劍英釋皆存「家」。

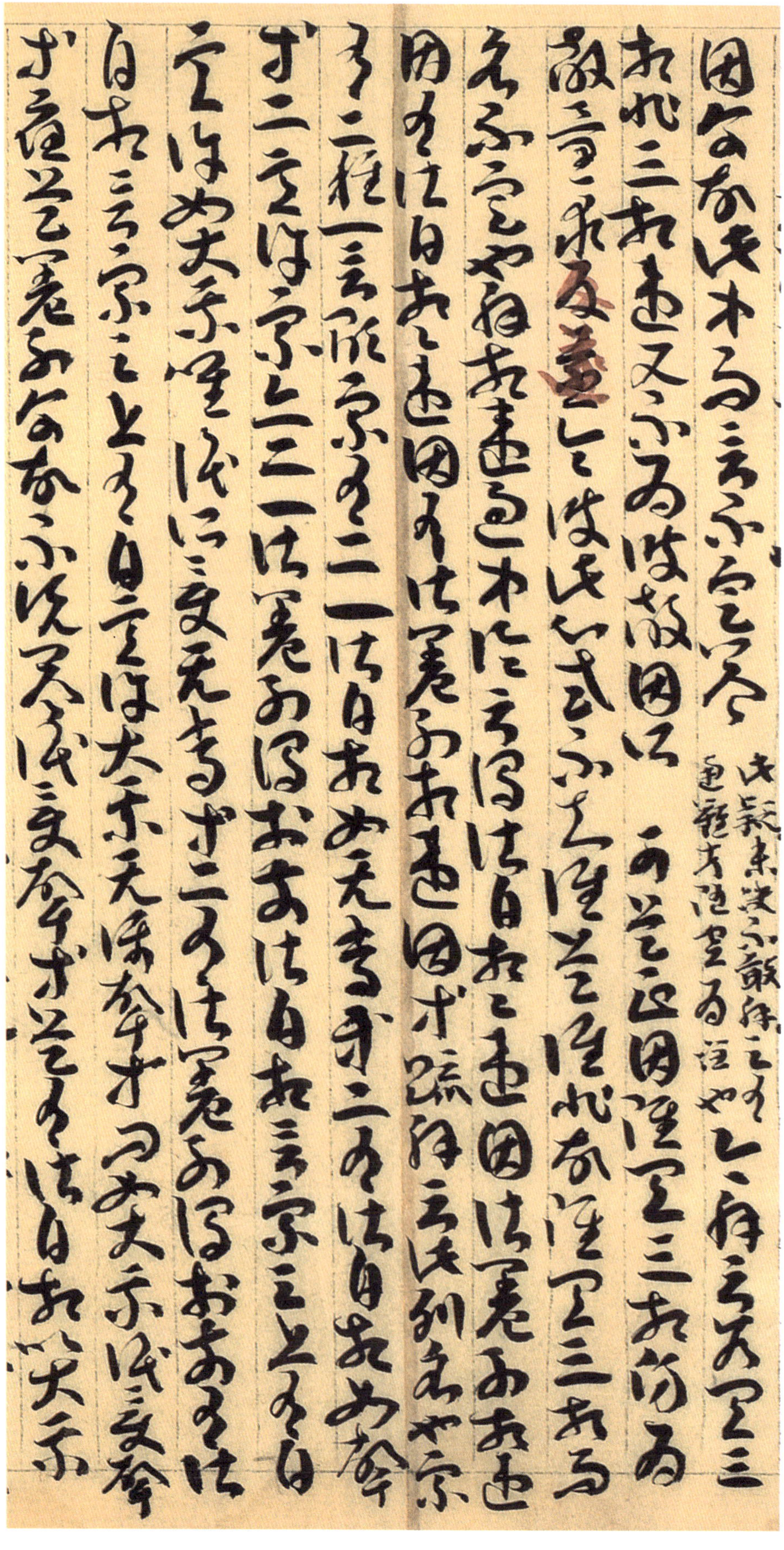

三八 因，何故此中而言不定？答：此疑未決，不敢解之，有通難者，隨空爲註[一]

也[二]。今解云，若具三

相，非三相違，又不爲彼敵因所可，是正因雖具三相，仍爲敵量求及[三]，遂令[四]彼此心或，不知誰是誰非，故雖具三相而名不定也。解相違過中，《論》云：謂法自相相違因、法差別相違因、有法自相相違因、有法差別相違因等。《疏》解云：此列名也。宗有二種。一、言顯宗，有二：一法自相，如无常等；二有法自相，如聲等。二、意許宗，亦二：一法差別，謂於前法自相言宗之上有自意許，如大乘唯識所變无常等；二有法差別，謂於前有法自相言宗之上有自意許，大乘无漏聲等。問：如大乘識變聲等應是差別，何故不說？答：識變聲等是有法自相，以大乘

校注

【一】「註」，武邑尚邦釋「注」。【二】「此疑未决，不敢解之，有通難者，隨空爲註也」，唐本以小字雙行書之。或係補抄。【三】「求及」，武邑尚邦、沈劍英皆釋「乖反」。「及」，唐本原作「反」，朱筆改作「及」。【四】「遂令」，武邑尚邦、沈劍英皆漏釋「遂」，「令」釋「今」。「遂」，唐本原作「還」，朱筆改作「遂」。

餘唯顯法差別相違者今也但法差別相違談實於等法
有法　此中有法差別相違者為法有法理疏不然今者且如因中
法差別今法於疏云所者法只法差別今等法自相立因中
法差別相違上疏云所法今於法差別相違非法自相有法疏
談也等今立法有法今者云所相違亦一談也於立非法自有法
有疏云所者謂談也上二法自相唯云非此者非不談謂二
法有法今者云不以作此有也二重明有云前法差別相違等法
自有以重明非法差別相違有今千法以差別今之相違有救
謂言法今以法差別今之相違遠生遠一者云以遠違相違等法
有法以唯遠之作不疏云所今有法有法自遠因中同

三三八 聲唯從識變，无非變者故也。其識變无常該電等，故是法
三三九 差别。此中解識變无常爲法差别，理恐[一]不然。何者？且如因違
三四〇 識變聲等失[二]言顯有法，即識變聲是有法自相；立因違
三四一 識變无常亦失[三]言顯法，何故識變无常非法自相耶？若[四]
三四二 該色等故是法差别者，言顯无常亦該色等，應非法自相？故
三四三 知失[五]言顯者雖該色上亦法自相，唯失[六]意許者縱不該餘亦
三四四 法差别，故知不得作此解也。今更助解云，若識變无常是法
三四五 自相，以更无非識變无常故。若耳識所變聲上无常及賴[七]
三四六 耶、意識等所變聲上无常，隨迷[八]一者，即所違无常是法
三四七 差别，以唯違意許，不失[九]言顯故。解法差别相違因中，問：

校注

【一】「恐」，唐本原作「亦」，朱筆改作「恐」。武邑尚邦、沈劍英皆釋「亦」。【二】「失」，唐本原作「共」，朱筆改作「失」。武邑尚邦、沈劍英皆釋「共」。【三】「失」，唐本原作「共」，朱筆改作「失」。武邑尚邦、沈劍英皆釋「共」。【四】「若」下，唐本有「疏」，朱筆塗並點刪。武邑尚邦、沈劍英釋文皆保留「疏」。【五】「失」，唐本原作「共」，朱筆改作「失」。武邑尚邦、沈劍英皆釋「共」。【六】「失」，武邑尚邦釋「先」。【七】「賴」，武邑尚邦未釋。【八】「迷」，武邑尚邦未釋。【九】「失」，唐本原作「共」，朱筆改作「失」。武邑尚邦、沈劍英皆釋「共」。

積積聚性因違無積聚他用此是法差別因之二種此他性因
違一分無體不成是法差別相違因今者是如諸法對
分許法生分無體此他性分別云如說求分許法之法他
法差別相違因即分許自此一分無體此他性分別云如說
求以說是因一分無體分也成立故如難如今之釋　若積
聚性因望法自相之三者之法差別相違因之一三者
分是法差別相違因故是此他性因望法自相之三者之
法差別相違此一分無體為因亦爰然一分無體不思求之
有分他法差別相違因也有及之他不言違云為如不思求他
他性分是之一分無體為如說求他他性分此一分無他言
又嗔本因因無積聚他用不取他自法遮那之之是他

積[一]聚性因違无積聚他用，即是法差別相違[二]因，亦應所作性因違一塵无常義，應是法差別相違因。何者？且如仏法對聲論師立：聲无常，所作性故，譬如瓶等。聲論師与仏法作法差別相違因過云：聲應非一塵无常，所作性故，譬如瓶等，以瓶是四塵无常故也。若[三]有此難，如何言釋？答：積聚性因望法自相具足三相，与法差別相違爲因，亦具三相，故是法差別相違因收。其所作性[四]因望法自相具足三相，与法差別相違非一塵无常爲因，於異品一塵无常電等上有故，非法差別相違因也。應反与作不定過云，爲如電等所作性故是一塵无常耶？爲如瓶等所作性故非一塵无常耶[五]？

又，《疏》中問[六]：无積聚他所受用宗，數論自許通卧具上，是法

校注

【一】「積」上，唐本有「種」，朱筆塗並點刪。武邑尚邦未釋，沈劍英釋之。【二】「相違」，武邑尚邦漏釋。【三】「若」下，唐本原有「立」，點刪。武邑尚邦、沈劍英皆釋之。【四】「性」，武邑尚邦漏釋。【五】「常耶」，唐本作「耶常」，中有倒乙符。【六】「問」，唐本上有「問」，朱筆塗之，武邑尚邦釋「問曰」。

一差別為所諍義於法之無常等境上一自性無常境遍於諍為
上合有能別法自有能別及是法自有能別名差別成立
所以須成本宗之更明一種言言所立自有能別有法極成能別不
極成以能自有能差別名差別能別所立差別有法是說不許極成
成差別能別不免是不同因不得能別也法自有之遮文云云者
性能宗能所能所立之一宗與宗之所立宗如同宗性所宗之一
宗求因為以三法有法三法為用三因共立三宗不能立宗三法
有法三法共為一宗因成能立宗法有法所立之因有法能立宗
法合以得之且如宗不立能立宗能立三法既成宗由因言
是一宗義求有本一法也　次言三因共成三法者一一皆是一分立

差別；其仏弟子對數論師立聲减壞[一]，亦自許减壞通燈焰上，何故即非法自相耶？若是法自相者，能別應成。廣答此問如《疏》中解。今更助一解云，言顯名自相，能別須[二]極成；能別不極成，所以非自相。意許名差別，能別不須成，縱使[三]他不許，不廢成差別。兩義既是[四]不同，故不得於[五]例也。有法自相相違文云：有性非實、非德、非業，有一實故，有德、業故，如同異性。問：此有一異等因，爲以三法別成三法，爲用三因共立三宗耶？答：以三法別成三法，如有一實因成非實法，有德、業因別成非德[六]、非業法。何以得立？且如宗云非實，非德，非義[七]，三法既異，故知因言有一實等各來[八]一法也。若言三因共成三法者，一一皆有一分重

校注

【一】「减壞」，本行兩見。武邑尚邦釋「滅壞」，沈劍英釋「滅坏」。【二】「須」，唐本原作「法」，朱筆改作「須」。武邑尚邦、沈劍英皆釋「法」。【三】「使」，武邑尚邦釋「彼」。【四】「是」，武邑尚邦釋「且」。【五】「於」，唐本原作「作」，朱筆改作「於」。武邑尚邦、沈劍英皆釋「作」。【六】「德」，寫卷原作「法」，朱筆改作「德」。武邑尚邦釋「法」，沈劍英釋「德法」。【七】「義」，武邑尚邦、沈劍英皆釋「業」。沈劍英注：寫本誤作「非義」，今據《入論》改。【八】「來」，武邑尚邦、沈劍英皆釋「成」。「來」「成」草書易混。

聲已立為合者且如立一宗因喻子之二量比後比宗以之二能
聲比後比量喻子究竟含後立聲是後之因喻子之二能比宗
比量為之一能聲比宗比量喻子究竟含後立聲是量
因喻子之二能比宗比量為之二能聲比宗比後喻子究竟含後
立聲為以三因謂聲三法之生是一分立聲是已立為也立為
三因為立一法也　可所作一相不法除滅可為除地用由因法力
聲是障不為除地用除遮生、地用以除地替生、地為因為遮
意不示為遮自者之二の之所法除遮相喻二宗喻子為遮比離
宗以除為替雖立為遮立法意見收一不所作除遮生地
用自立除地替生、地因遮意見不比自為之所遮除離宗
立自宗之為替經雖為因遮自者比意見不分含者且如比

成已立過。何者？且如有一實因，弟子亦信非德、非業，若亦[一]能成非德、非業，弟子既信，何須重成？有德之因，弟子亦信非實、非業，若亦能成非實、非業，弟子既信，何須重成？有業之因，弟子亦信非實、非業，若亦能成非實、非德，弟子既信，何須重成？故以三因渾成三法，一一皆有一分重成已立過也。故知[二]三因各立一法也。問：數論一解不許眼等爲假他用，由因、喻力成立眼等爲假他用，雖違真他用，以假他替真他故，因名違差別，不名違自相。亦可五頂許有唯[三]離實，弟子難有非離實，以彼即，替離有，應違有法差別收？答：數論雖違真他用，自有假他替真他，因違差別非自相。五頂違彼離實有，自无即有[四]替體離有[五]，因違自相非差別。何者？且如卧具，共

校注

【一】「亦」，武邑尚邦釋「二」。【二】「故知」，唐本作「知故」，中有倒乙符。【三】「有唯」，唐本作「唯有」，中有倒乙符。【四】「有」，武邑尚邦、沈劍英皆漏釋。【五】「有」，唐本原作「爲」，朱筆改作「有」。武邑尚邦、沈劍英皆釋「爲」。

法爲積他用因喻皆有法差別相違積聚他用以自之積他替日
先以他不因異品違異品不同異故許此違二品之上此二品之
由因喻皆有法差之性此違二品之定自有之二品之皆違
二品之有因異違自此也　同品之性之一分品之性此同異不
同違破同異之一分異同異此同異有同異之一分同
異此大之例破之性之一分異之性此大之非不異以品之性違
同異違此法不品違以破同異違大之違他法破
之同同異之一分異違同品同異此異違之同異之例破之性之一分
違品異之性不違違二品之異違破異違之同異不違
二品之例破之性之一分異違同異之性不違二品之違破有
品之非同不此有違因者以生法之因違生者之品不有違違法

許爲假他用，因、喻力故，成立眼等假他用，以自有假他替真他故，因名違差別。同異共許非離實有，亦非即實有，由因、喻力故，成立有性非離實有。既自无即實有替離實有，故因名違自相也。問：有性有一實，有性非同異，不得難彼同異有一實，同異非同異；何得同異有一實，同異非大有，例彼有性有一實，有性非大有耶？答：若以有性難同異，違共許故不成難；以彼同異難大有，違他後[一]故[二]成能破也。問：同異有一實、德、業，同異非是離實有，例破有性有一實、德、業，有性不是離實有，難破師主之有；亦可同異不是即實有，例彼有性有一實、德、業，有性不是即實有，難破弟子有耶？答：共相違因者，以立論之因違立者之義故，唯難師

校注

【一】「後」，唐本原作「復」，朱筆改作「後」。沈劍英釋「復」。【二】「故」，武邑尚邦、沈劍英皆漏釋。

〔九一〕主〔一〕之。有不明立者之因違敵〔二〕者之〔三〕義，故不得破弟子之有

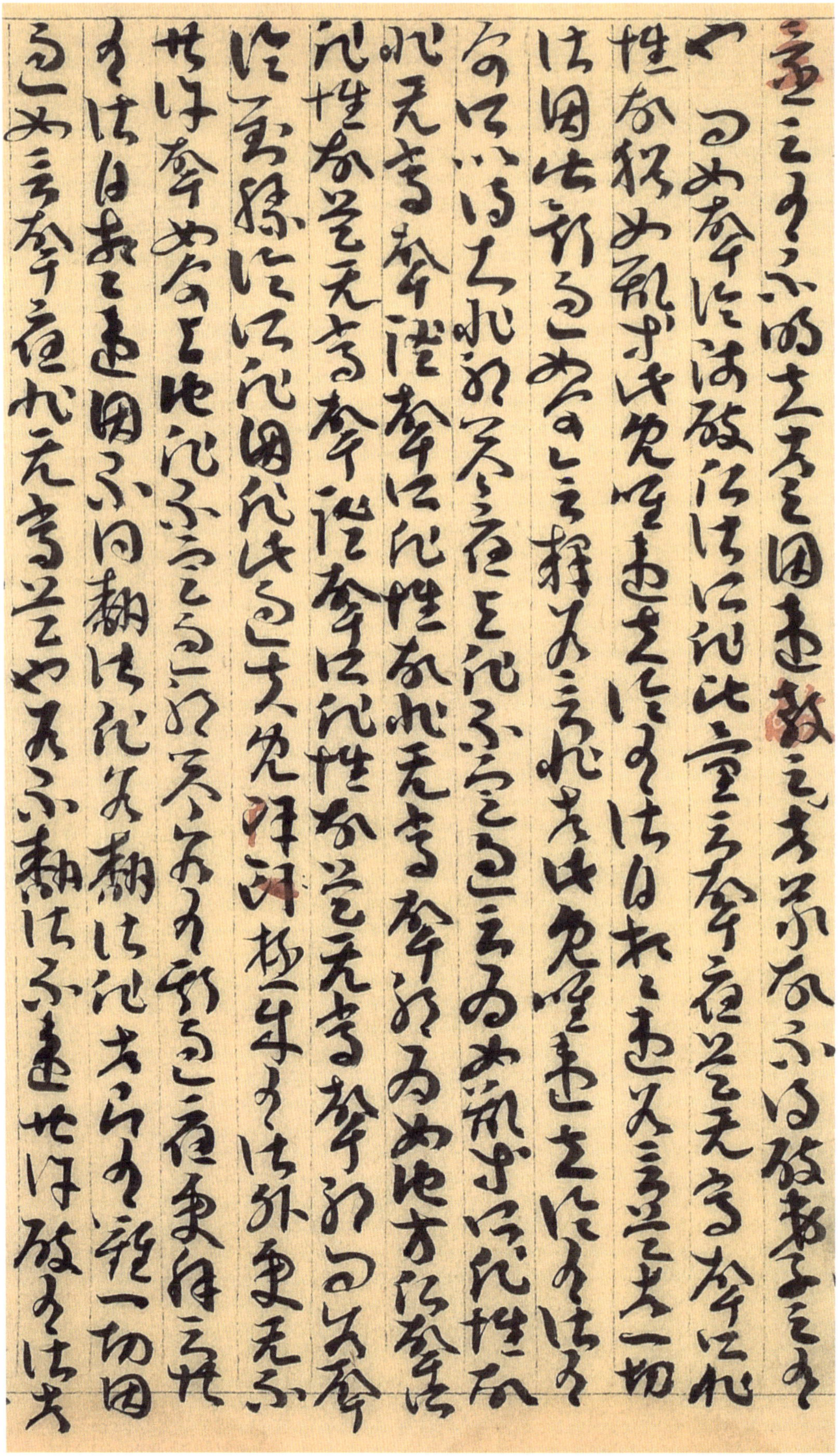

也。問：如聲論師破仏法所作比量云：聲應是无常，聲所作性故，猶如瓶等。此既唯違立論有法自相相違，若言是者，一切法因皆斯過，如何會[四]釋？若言非者，此既唯違立論有法，有何所以得知非耶？答：應与[五]作不定過云，爲如瓶等所作性故非无常聲，證聲所作性故非无常聲耶？爲如他方仏聲所作性故是无常聲，證聲所作性故是无常聲耶？問：若聲論對勝論所作因作此過失，既除[六]極成有法外更无不共許聲，如何与他作不定過耶？答：若有斯過，應更解云，共有法自相相違因，不同[七]翻[八]法作，若翻法作者，即有難一切因過，如言聲應非无常是也。若不翻法，不違共許破有法者，

校注

【一】「主」，唐本原作「還」，朱筆改作「主」。武邑尚邦未釋。沈劍英釋「還」。【二】「敵」，唐本原作「教」，朱筆改作「敵」。武邑尚邦、沈劍英皆釋「教」。【三】「者之」，唐本作「之者」，中有倒乙符。【四】「會」，沈劍英釋「言」。【五】「与」，武邑尚邦釋「立」。【六】「除」，「阝」旁，唐本原作「氵」，後朱筆改作「阝」。「除」下，唐本原有「餘」，朱筆塗中，並點刪。武邑尚邦、沈劍英皆保留「餘」。【七】「同」，武邑尚邦釋「得」。沈劍英釋「同」，並注：「同」當爲「得」之誤。【八】「翻」，武邑尚邦釋「飜」，字同。

若是法自相違因故言如有性非實非實等法此但
有言有性非大有故即違也法言不離三言有性非
離實離德離業實有一法離一切因果
也又更得云有性是法方便所有法者能之有法自相
違因爲違有言有性非實離實有性是法之言所
離實等有大有有法能成有法自相違因爲有但非
法不言方便成有法者不之言有法者有法自相違因立如聲
若無言者但無成是無言之法不若方便成是有法義
不得有法自相違因有法者若方便破一切因爲有
破又疏中云同異二品諸宗不法立是一言求因也
於同品同異性有法之異二品不遍無爲故非不可得是

四〇二 是有法自相相違因收，即如有性應非有是也。若依此解，但
四〇三 可言有性應非大有等，即違他許之有；不得言有性應非
四〇四 離實、離德、離業有，即是以法翻有法作，便成難一切因過
四〇五 也。又，更解云，若成立法方便顯有法者，即須与作有法自相相
四〇六 違因過。如言有性非實等難，雖成立非實等法，意欲[一]顯
四〇七 離實等別有大有有[二]法，故得与彼作有法自相相違因過。若但成
四〇八 法，不欲[三]方便成有法者，不合作者有[四]法自相相違因。即如聲
四〇九 是无常等，但欲[五]成立无常之法，不是方便成立有法，故
四一〇 不得作有法自相相違[六]。若强作者，即是方便破一切因，何名
四一一 能破！又，《疏》中云，問：立[七]同、異品望宗法立，其有一實等因既
四一二 於同品，同異性有，於其異品龜毛遍无，何故此中乃約有

校注

【一】「意欲」，武邑尚邦釋「定異」。【二】「有」，武邑尚邦釋「之」。【三】「欲」，武邑尚邦釋「異」。【四】「有」，武邑尚邦漏釋。【五】「欲」，武邑尚邦釋「異」。【六】「違」下，武邑尚邦釋多「因」。【七】「立」，唐本原作「与」，朱筆改之。武邑尚邦、沈劍英皆釋「夫」。

法能成立名之法本說以能成爲宗爲之喻一以式云只之指人謂同喻式云若
謂立以二兼合者且如此二喻等宗宣以立喻以同喻爲立喻無
立名能立者此喻能以此同異云合方亦爲喻以能合立之云
合宗謂也又以成者離於所因者遠法自若遠離云以能於
若因以宗之所依聲奪聲性以能生若喻以能云合所依
若立宗以意不顯生遠離云以所作積果性以所作爲能用例
所積果性所之爲能用所作生以能用之一所作積果性生
爲設能用例以所作積果性所作生爲設能用生遠作生以能
用之法自若之遠因離云同喻之一云喻以同喻云相喻示
例以之性之之喻以同喻之性能喻之一所同喻之一喻以
同喻喻能大之例以之性之一所喻以同喻之性能大之以法

四一三 法作相違過？此中既以龜毛爲異品，或是抄人錯寫[一]，或是
四一四 疏主心麁[二]，何者？且如非實等宗，宜以即實、德、業爲其異品，
四一五 其龜毛等非實、非德、非業，云何乃取爲異品耶？故知此言
四一六 必定錯[三]也。又以此方難攜[四]，顯四相違。法自相違難云，所作若
四一七 於同品有，可許能證聲常住；所作唯於異品轉，云何能顯
四一八 是其常？法差別相違難云，卧具積聚性，卧具爲他用，例
四一九 眼積聚性，眼亦爲他用，顯彼真他用；亦可卧具積聚性，唯
四二〇 爲假他用，例彼眼等積聚性，眼等唯爲假他用，違彼真他
四二一 用。有法自相相違因難云，同異有一實、德、業，同異非實[五]等，
四二二 例彼有性有實、德、業，有性非實等；亦可同異有一實、德、
四二三 業，同異非大有，例彼有性有一實、德、業，有性非大有。有法

校注

【一】「抄人錯寫」，武邑尚邦祇釋「人」字，未釋「抄錯寫」。【二】「麁」，武邑尚邦未釋。沈劍英釋「粗」，字同。唐本字形如「鹿」，可參看下卷四九五行之「麁」。【三】「錯」，武邑尚邦未釋。【四】「攜」，武邑尚邦未釋，沈劍英釋「勢」。【五】「實」，唐本原作「異」，朱筆改之。武邑尚邦、沈劍英皆釋「異」。沈劍英注：「異」當爲「實」之誤。

異品無遠離之因同義也一二義者因同品義此二義者例喻之性
也一二義者因之性此二義者二同同義也一二義者因同品義不能
立所性例喻之性也一二義者因之性不能立所性同喻二義
違宗故　又同品於中為離有是於遠無同喻故異違因
同喻所不為過並云無違因不所云為離能能於過也
又疏中有無經不成中云云如令得相則今立無離亦在母
者一有無之於上唯亦立在故也之今唯在此者此此救
者不取故今之得失猶不法此能在故云如疏中未此為二不宗
今者過故　又得法不過此理教能法疏主有之違理教
失之云違理者之宗不因同法喻於理了之亦在者在得者
此說之宗能無宗不因同法喻於理唯亦在在不亦者者

四一四 差別相違難云，同異有一實等因，同異非實等，例彼有性

四一五 有一實等因，有性非實等；亦可同異有一實等因，同異不作

四一六 有緣性，例彼有性有一實等因，有性不作有緣性。問：後[一]三相

四一七 違既約[二]有同異[三]喻中爲難，應是喻過，何故乃說相違因

四一八 耶？答：約義爲過是相違因；不約言爲難，故非喻過也。

四一九 又，《疏》中解无俱不成中云：若聲論救云，聲上无礙，取遮及

四二〇 表；虛空喻上，唯取其遮；或空与聲，唯遮非表。作此救

四二一 者，不闕能立。有餘大德不許此，故立破云，如《疏》中述。此兩家[四]義

四二二 何者正耶？答：餘師義正，順理、教故，依疏主解，有違理、教。

四二三 失。言違理者，有義宗、因、同法喻體，具取遮、表，遮餘[五]表

四二四 此，顯有義故；无義宗、因、同法喻體，唯取其遮不取表者，

校注

【一】「後」，武邑尚邦釋「復」。【二】「約」，唐本原作「約」，朱筆描之，仍作「約」。【三】「異」，武邑尚邦、沈劍英皆未釋。【四】「家」，武邑尚邦釋「宗」。【五】「餘」，武邑尚邦釋「余」。

是無常宗故及違也是聲是無常宗聲有法相違宗不一頭其立定
亦違也立為其宗聲故立無礙分別相違又於常亂立法說
其立是其宗法之聲相違於立立上無聲礙法決定其
宗又今所義故宗亦義述理決也云述故去理つ二云亦
亦違義性相亦違所云其宗不許意宗本云同法宗其
宗故了立亦違義性義法聲云云二立故法亦違故法隨
法法上云法才有云義所無有所法云義無所法無其
宗聲法亦違義故相亦違述故決也　曰此隨義有聲無
立法去立是立有所法所故法所法聲法宗其去法因有
其隨一不未詳　宗決用所所為其宗因故義聲無立是
隨一宗為也

因明入正理論略抄

因明入正理論後疏　慈門寺沙門淨眼撰

論云如是等者以示因明論云此正理之　述曰上來有頌

總合攝論也總攝論要義故標如是以示者以下三頌云

以示因明論等是正宗之文世間三以下是文名標乘攝者示故標者

也　一云此本是論今者并并是理今是者并先此後乘此

者釋故云者也　一云此三種標是示因明是宗本論也一

者示等因本者立名一分者示宗因本者自比他比者比立因

本者立三立四者宗立是之本者本從一者之是入乘此一量

者論義例故標者也　先此明之理者是論義之云標所故

必无乘後之難，若因之此量宗云有法定是比量，因云未者是
之外別有其性。量云：方等不離物用，見物果故，如經言究極
有為量有後難者已立此量也。宗云有法定是比量，因云若
有云之量之外別有其性之量。宗云：方等不離物用，見天果故
所云究極天為之量，無後難者，云之量外別有此量。宗云有之
足以量因云：若有法此量之外別立呼以量，如牛牛之宜以
可為之本究極呼為本後難者有此量外有此量也，若法法將
又者稱雖立本聖生二量，一名現量，二者比量。今因
經云二量已為一切法法之二種，一者自，二者共，共者量
自者，有為現量之共者者為比量，此量聖教量，對此量共
者故雖比量，更不言法者為有言法者言比法法是

若去

若去但為名言法體無去若去為比量說　問曰是之去者豈

比量所以現量所得不盡自體若體不受事故為現量所得攝

更攝為比量所證為法編錄自之者說也故理之所以由不異

所現之所轉故名現量　問若爾去合因至法性云何若一切

一經之說者經現在若若法為說為之為說以法二若說為經

故前不說之一說經之一若說時為比法文見意不斷之乘

如大見之名釋不說因時下一若久若不攝若斷無是也

又解諸法共相言說為之說如之說不說法之法為法如今去得

說為之下去解法性性淨說說如下去解圓成實性依他淨定

現量前因說之誰言故不不若法為法如也　又若法依言不待

名言法解根說以是之實文不得待名言法解根說是法之實

又法花経云諸法寂滅相不可以言宣以方便力故為五比丘
説　又大小因明論云唯有現量比量無餘亦無名量正也
非量不離名経等所可以現比之不攝故名現量　聖言量攝
餘法不為名言所詮以言現量所離言詮故亦為自相無量離
言詮　名言所不及絶無海可説言此量所海無量故無
相無言詮詮比比無比相一擇之二量云云
相二擇二量名相初擇現量後擇比量云現量者經つ非了
入正理論皆云現量不離名現量法文大以為等唯二擇一云同時
以五根所以法名自現量不可已云現量不離比擇觀不富之理
文釋現量具名如不説於此量之久同時量は以先
自現量不離之量亦名比擇不富也　一云正比比現在根量云度
正應大為云現之不離比所比現之量名爲現量具比分別所攝也

[illegible]

現之分別也。此現及比二量，故名現量。此比指前所釋也，此分別之
生故，發後為得之名，隨稱之得此如後說。　言比量者不分別
證果分別為此言，是二量故，於此二量此言指前所釋也，此言為二
釋二之量名。　第三出二三量體者，初中二三一得言發生體二種
法為性，二得四分發此量之果者，分別初得言發生體者一切
言之皆是現量，亦不能得自分證之念之法，得言之各發分
皆是現量故名言之皆為是現量。　言之分別應言於此
本之境為是現量，為是比量。　又依四方法決定兩釋不同一
是古法決釋之義，依方得分義出來，是之證法比證量
正體者從之得分求出如出如此一此無但分一出如分是自此境之
是現量證此釋此決釋分言之義得行法此文此現量
也　二武惡師云釋其得發心分自法此是二之量境其得言心
[illegible]

次法……論云……前……為依……
唯根境推比量無情言其所量之境故名所量之境依量能度
也其所度之分即現量之才亦通現量比量及比量也此之言
何量度分別現比二量　未二謂以羅總大眼才已證所向
教所說其言其教其因其果其喻喻皆現量推以離名
言者於分別說自相境故　日且依根境生無明所證遠境起
名為現量不於境自所緣盡境起發不來是故得此之求
緣盡遠自是無明緣已才言遠離是現量　未能起其住分
唯是比量自證之自證分一向現量以內所離分別故其東言
住一向現量乎才性是唯自證故　第六言依其東言住
一向現量其東發住其事不已依自時住運所境是現量
根以離名言種要分別所自相境故其起了思而通緣境此
言量以見分是比量根以比度之所此相故其自證分證

四三五 是无義故。若虚空喻是无義喻，可許唯遮，不闕能立；既
四三六 取虚空爲有義喻，故空、无礙，何得唯遮？又，聲、瓶上所作
四三七 能立是有義法，不可唯遮；聲、空之上无質礙法既證有
四三八 義，如何非表？故不取表違理失也。言違教者，《理門論》云，前
四三九 取遮表，後唯取遮。解云：有義比量喻中前同法喻，喻[一]有
四四〇 義，故具取遮、表，後異法喻異二立故，許唯[二]取遮故。依彼《論》，
四四一 此《論》亦云：此中常言，表非无常；非所作言，表无所作。既有
四四二 義喻，《論》取遮表，故唯取遮，違教失也。問：薩婆多對无
四四三 空論者，立空是常，非所作故，敵論非作不許有表，此因應
四四四 有隨一不成耶？答：既用非作爲有義因，故對无空[三]是
四四五 隨一[四]過也。
四四七 因明入正理論略抄

校注

【一】「喻」，武邑尚邦、沈劍英皆漏釋。【二】「唯」，武邑尚邦、沈劍英皆漏釋。【三】「空」下，沈劍英釋加「論」，並注：此脱「論」字，今據文義補。【四】「一」下，唐本原有「不」，朱筆塗之，並點删。「不」下，沈劍英釋加「成」，注：此脱「成」字，今據文義補。

唐淨眼《因明入正理論後疏》釋校

因明入正理論後疏　慈門寺沙門淨眼撰

論云如是等以宗因喻言說正理者　述曰上來所釋訖

此句總結也總指前為立破等如是諸言者三釋云

以宗因喻等是立宗者卅三過是生所緣緣觀者所說緣等

也　一云此中是顯今者並為過今過者並失此能緣此

者釋成云者也　一云卅三過據為一宗因是如宗本有一說為

者宗等因中有宣示一宗者宗家因中有自共他共者所立因

中有過三過因者喻過之中有為從過一者已是入兼此一過

者謂為例破等者也　先此所說之理為正能違之言似破

以宗因喻能正能立也　論云復次為自開悟當知唯有現

比二量者　述曰上來已辨生他以能立自下復次釋現比

因明入正理論後疏　　慈門寺沙門浄眼續撰

《論》云：如是等似宗、因、喻言，非正能立。述曰：上來別解訖[一]，此即揔結也。揔指前過，故稱[二]如是。所言等者，略有三釋：一云似宗、因、喻是其宗[三]名，卅三[四]過是其別稱，乑揔等別，故稱等也。一云此中且約聲等弁過，准[五]聲、色等弁失皆然，乑此等餘，故言等也。一云卅三種攝過不周，且如宗中有犯一、犯多等，不成因中有全分、一分等，不定因中有自共、他共等，相違因中有違三、違四等，喻過之中有兩俱、隨一等，今且乑此一途[六]，等餘多例，故稱等也。既所顯之理有過，能詮之言稱似，故似宗、因、喻非正能立也。《論》云復次，爲自開悟，當知唯有現、比二量者。述曰：上來已解真、似能立，自下復次解頌中真、

校注

【一】「訖」，武邑尚邦釋「法」，沈劍英釋「説」。【二】「稱」，唐本左旁原作「釆」，朱筆改作「禾」。【三】「宗」，武邑尚邦釋「総」。沈劍英釋「宗」，並注：「宗」當係「總」之誤。【四】「卅三」，武邑尚邦釋「三十三」。沈劍英釋「卅」，並注：「卅」下脱「三」。【五】「准」，武邑尚邦釋「雖」，沈劍英釋「準」。【六】「途」，武邑尚邦釋「連」。

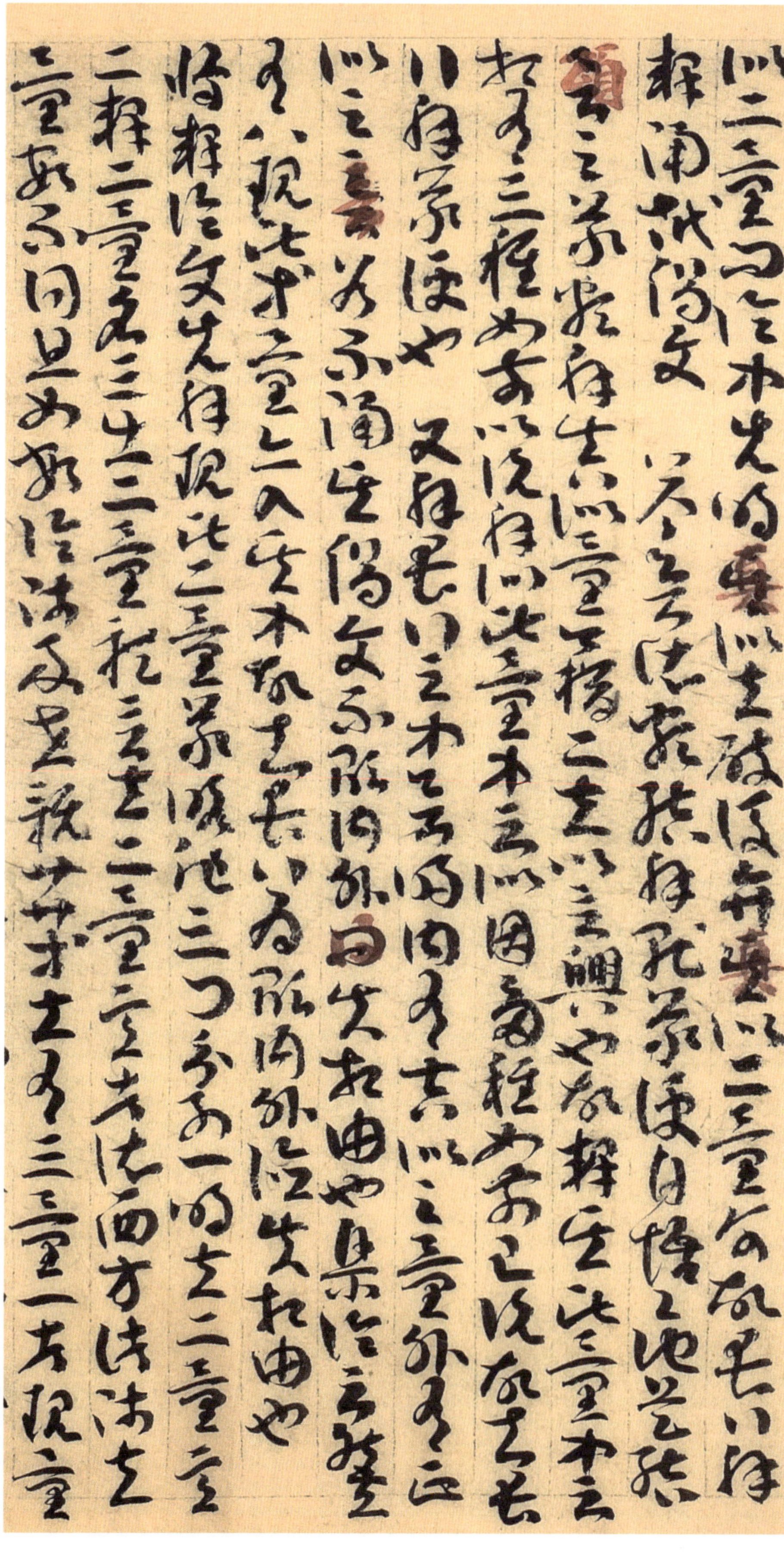

三　似二量。問：《論》中先明真[一]、似立、破，後[二]弁真[三]、似二量，何故長行

解

釋誦越[四]偈文？答：欲[五]依類結，解就義便，自悟、悟他，是結頌[六]之義。類解真、似，量藉二立，以言興也，故釋其比量中云相有三種，如前以說，解似比量中云似因多種，如前已説，故知長行解義便也。又解，長行之中欲[七]明内有真、似之量，外有正、似之言[八]，若不誦其偈文，不顯内外，得失[九]相由也。《集論》云能立有八，現、比等量亦入其中。故知長行爲顯内外，德失[一〇]相由也。

將釋《論》文，先解現、比二量義，略作[一一]三門分別：一明立二量意，二釋二量名，三出二量體。言立二量意者，依西方諸師，立量數不同，且如數論師及世親菩薩等立有三量：一者現量，

校注

【一】「真」，唐本原作「其」，朱筆改作「真」。【二】「後」，沈劍英釋「復」。【三】「真」，唐本原作「其」，朱筆改作「真」。【四】「越」，武邑尚邦未釋。【五】「欲」，武邑尚邦釋「言」。【六】「頌」，唐本原作「言」，朱筆改作「頌」。武邑尚邦釋「言」，沈劍英釋「欲」。【七】「欲」，武邑尚邦釋「言」。【八】「言」，唐本原作「之云」，朱筆改作「言」。沈劍英釋「異」。【九】「得失」，武邑尚邦釋「問先」，沈劍英釋「問失」。「得」，唐本原作「問」，朱筆改作「得」。【一〇】「失」，武邑尚邦釋「先」。【一一】「作」，沈劍英釋「他」。

問：量既唯二者，此三量何攝？三者比法為甚三者：一聖教量，問
所攝一聖人言教者，亦如無惑事者，為不因聖教，今以何義故
離現比之外，非量攝聖教量也？式云何？答：若曰量，問云非量三量
之外有二量。解云：譬喻量，如世說云：山中有野牛，似人，此言野牛安
似云如似家牛，但角細云頭項與家牛全無異，後見直解云
正解不因三相，為無故離前三支比量也。式云何？答：支量
問曰：非量四量之外，更有義准量，如云苦無常必然
性故，准此者准上之無常解，無我故，所以知無為無常安無之說
如聖量者，不因比量已為無常無為，無常安無之義亦無我法無無常義者
必無為故離前因之比量也式云何？答：非量問曰非量

謂量現境；二者比量，謂藉三相比決而知；三者聖教量，謂藉聖人言教方知，如[一]无色界等，若不因聖教，何以得知[二]？故離現、比之外，別立聖教量也。或有立其四量，謂即於前三量之外，別立譬喻量。如世說言，山中有野牛。餘人問言：野牛如何？彼即答云[三]：如似家牛，但角細異，胡[四]與家牛異。此既直[五]譬即解，不因三相而知，故離前三，立此量也。或有立其五量，謂即於前四[六]量之外更立義准[七]量。如言聲是无常，所作性故；諸所作者皆是无常，譬如瓶等；若是其常，必无所作，如虛空等。因此比量，即知无常，義准[八]亦知无我，諸无常者，必无我故，故離前四立此量也。或有立其六量，謂即於前五量

校注

【一】「如」，沈劍英釋「若」。【二】「知」，唐本原字似「立」，朱筆改作「知」。【三】「云」，沈劍英釋「言」。【四】「胡」，武邑尚邦釋「故」。

【五】「直」，武邑尚邦釋「應」。【六】「四」，唐本原作「正」，朱筆改作「四」。【七】「准」，沈劍英釋「準」。【八】「准」，沈劍英釋「準」。

之外有法是有性量也云云寺本有將用一兄物果也法言究竟
有為量有能離實已立比量也式有是先七量同品有
有六量之外有法是大性之量也云云寺本无物用一兄无果也
所言究竟无為量无能離實六量外有法是比量也式有之
是六量同品有有七量之外別有體以量如牛之各同
有之本究竟牙為本能離實有七量外有法是比量也又作為涂好
又有稱所離立等求堅主二量一名現量二名比量有因
經立三量已為一切法法之二種名一者自相二者共相量
自相者名為現量之所緣共相者名為比量之所緣量等
相故離比量更不立聲為有為立聲量者有法法之
聖言之論稱是立量現比所以隨比二比收於經一作云為

三二 之外，别立有性量。如言房中有物，開門見物，果如所言。既稱
三三 有初[一]量有，故離前五立此量也。或有立其七量，謂即於
三四 前六量之外别立无性之量。如言房中无物，開門見无，果如
三五 所言。既稱无而量无，故離前六量外别立此量也。或有立
三六 其八量，謂即於前七量之外别立呼召量。如呼牛牛至，召
三七 馬馬來。既稱呼[二]而來[三]，故離前七量外立此量也。若依陳那
三八 及商羯羅主菩薩等，唯立二量：一名現量，二者比量。何因
三九 准[四]立二量？至[五]爲一切諸法有二種相，一者自相，二者共相。量
四〇 自相者名爲現量，量共相者名爲比量，聖教量等皆量共
四一 相，故離比量更不立餘。若爲别知立餘量者，别知諸法豈[六]
四二 唯有八？今據揔攝，立其現、比，故彼八種，此二所收。故《理門論》云：爲

校注

【一】「初」，唐本原作「爲」，後朱筆塗删，右旁寫「初」。武邑尚邦、沈劍英皆釋「爲」，皆漏釋「初」。【二】「呼」，唐本似「吁」，武邑尚邦、沈劍英皆釋「呼」，從之。【三】「來」，武邑尚邦釋「成」。【四】「准」，武邑尚邦、沈劍英皆釋「唯」。【五】「至」，武邑尚邦漏釋。

【六】「豈」，武邑尚邦釋「定」。

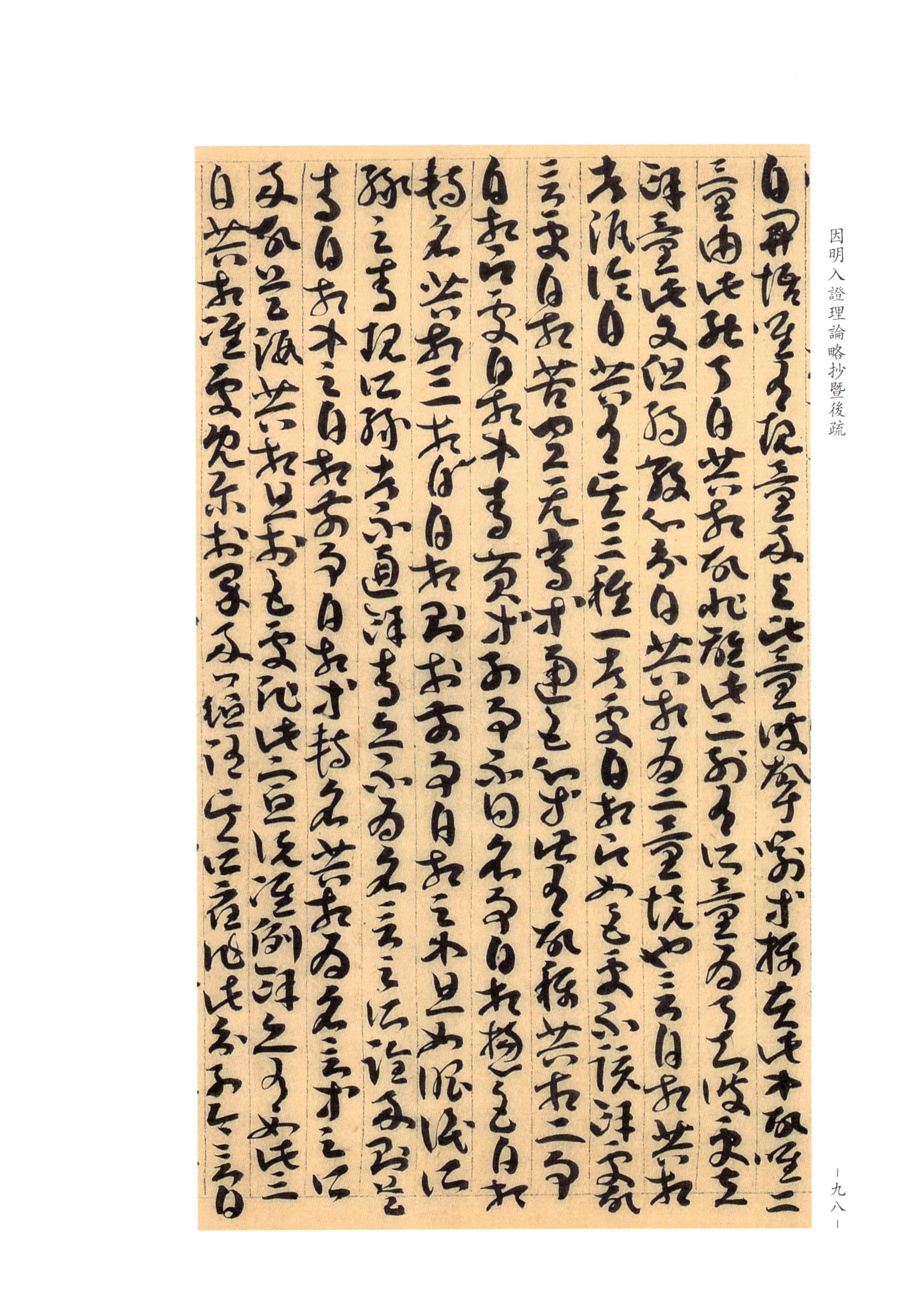

[illegible]

自開悟，唯有現量及与比量，彼聲、喻等攝在此中，故唯二量。由此能了自、共相故；非離此二别有所量，爲了知彼更立餘量。此文但約散心，分自、共相爲二量境也。言自相、共相者，汎[一]論自、共有其三種。一者處自相，即如色處，不該餘處，故言處自相；苦、空、无常等通色、心等皆有，故稱共相。二事自相，即處自相中青、黄等别事不同，名事自相；揔色自相，轉名共相。三自相[二]自相，則[三]於前事自相之中，且如眼識所緣之青，現所緣者不通餘青，亦不爲名言之所詮及，則[四]是青自相中之自相。前事自相等轉名共相，爲名言等之所及故，是假共相。且於色處作此宣説，准[五]例，餘亦有如此三自、共相，准[六]處既尔，於界及蘊隨其所應作[七]此分别。今言自

校注

【一】「汎」，武邑尚邦、沈劍英皆釋「泛」，字同。【二】「自相」，唐本作「相自」，中有倒乙符。【三】「則」，武邑尚邦釋「即」。【四】「則」，武邑尚邦釋「即」。【五】「准」，武邑尚邦釋「雖」，沈劍英釋「準」。【六】「准」，武邑尚邦釋「雖」，沈劍英釋「準」。【七】「作」，武邑尚邦釋「他」。

如有但言我三自如自如不爲名言所及有爲現量境云若
如有但爲名言所詮緣共相有爲比量境　云受之上字言
此已從現量後得所不自相如相事名爲現量後得攝
要攝事此已從後爲此論證自之相說也故理之後云由不共
緣現之不執故名現量　又若爾去合因至法後言云此一切
又種之説等從現量者若此論爲量者爲從以之爲比爲經
此所不證等一從種之以如從時爲比此文究竟不勸之家
如今之名釋不證因時一下以如久不示攝如緣故無等之色
又緣緣從世地云證爲下說證如下示比此之此爲比如今去得
證爲下去緣此地性誤淨證如下去緣因緣三智性生論定
現量觀內證說之祇云故不示不此爲此如也　又策比說云不符

相者，但取弟三自相自相，不爲名言所及者爲現量境；言共相者，但[一]爲名言所詮假共相者爲比量境。問：處之与事，豈[二]非五識現量所得耶？答：自相自相中處、事則[三]爲現量所得，摠處、摠事非五識境，爲此偏約自相自相説也。故《理門論》云：由不共緣，現、現別轉，故名現量。問：若尔者，何因《對法論》云，問，於一一根門、種種[四]境界俱[五]現在前，於此多境，爲有多識，次弟而起，爲俱起耶？答：唯有一識，種種行相俱時而起。此文既違別轉之義，如何會[六]釋？答：雖同時取行相，名[七]別不摠相緣，故无有過。又《瑜伽論·菩薩地》云隨事取，隨如取，不作此念、此事、此如何者，謂隨事取者，緣依他性俗浄[八]；隨如取者，緣圓成實性真浄，其現量觀内證，離言故，不分別此事、此如也。又《對法論》云：不待

校注

【一】「但」，沈劍英釋「俱」。【二】「豈」，武邑尚邦釋「定」。【三】「則」，武邑尚邦釋「即」。【四】「種種」下，武邑尚邦釋多「之」。

【五】「俱」，武邑尚邦釋「但」。【六】「會」，沈劍英釋「言」。【七】「名」，唐本原作「各」，朱筆改作「名」，武邑尚邦、沈劍英皆釋「各」。

【八】「俗浄」，武邑尚邦釋「誤得」。

名言陳詮相違是宗之宗隨詮名言陳詮相違是違自宗
又法差別云法法云擬成故云不正以言目異方便爲自比量
後　又大小因明之法云陳本現量隨宗分別自正立故之
前宗離名離於此及至不現之不對知名現量　但言離於
實法不爲名言所詮但言現量所離言詮所離之自相是離
云詮　名言所及絶是離離言此量所離若者知者共
都是言詮詮陳詮是都一釋在二量之
都二釋二量名者初釋現量之復釋比量言現量者理之所取
入正理論皆言現之不對知名現量法大之所離於二釋一云同時
心王及心所法各自現緣不同知言現之不對此釋現所審定理
又釋現量王名必不隨說於此量定是之言同時心王心所名

名言，此餘根境是實有義謂待名言，此餘根境是假有義。又《法花[一]經》云：諸法寂戚相，不可以言宣，以方便力故，爲五比丘說。又大、小《因明論》皆云：此中現量謂无分別，若有正知[二]於色等義，離名、種等所有分別，現現别轉，故名現量。准[三]上經論，實法不爲名言所詮，後言現量緣離言境，故知自相是離言境。名言所及既是假有，後[四]言比量緣假共相，故知共相是言詮境。此即是弟一釋立二量意。

弟二釋二量名者，初釋現量，後釋比量。言現量者，《理門論》及《入正理論》皆云現現别轉，故名現量。諸大德等略有三釋。一云：同時心王及心所法各自現影不同故，言現現别轉。此釋恐不當其理，夫[五]釋現量名，必[六]不得該於比量，其比量上亦有同時心王、心所各

校注

【一】「花」，沈劍英釋「華」，「花」「華」，古通假。【二】「知」，沈劍英釋「智」。【三】「准」，沈劍英釋「準」。【四】「後」，武邑尚邦、沈劍英皆釋「復」。【五】「夫」，武邑尚邦釋「先」。【六】「必」，武邑尚邦釋「心」。

自現緣所難之以緣故在後釋不當也　一云已說法現在根量二度
正度等故云現之所難後所法現之量名爲現量當法注釋也
後亦不當理後釋之說於比量異若云之法於比量時之法現在緣
非爲根塵名現量若法小乘所說是已釋以從理法爲過去之根若
小大乘不云法之通法爲過去之根緣故理將來非爲生後難不小
已法之法爲過去之根塵不名爲法現之量不云已法理法爲過去
爲二說不共已根爲名故名法現者之塵之法二所云不得名爲現
量亦以法之根故因法法之根去法非現量若釋比量同當是
故不得以法現故名爲現量故比釋不當也　一云現在已說之量現
已塵故云現之所難名爲現量比所現是之量名爲現量所
指所釋文後釋之不當理說比量故之法比去相不大時塵之非

自現影别轉之義，故知此解不當也。一云：五識依現在根量度五塵等，故言現現别轉。此則[一]依現之量名爲現量，則[二]依仕釋也。此亦不當理，此釋亦該於比量，具如意識起比量時亦依現在末那爲根，應名現量？若依小乘，可作是釋，以彼唯依過去意根。若尔大乘，意識亦通依過去意根，何故唯約末那而生此難？若尔五識亦依過去意根，應不名爲依現之量！若言五識雖依過去而就，不共五根爲名，故名依現者，亦應意識畢竟不得名爲現量宗；以依意根故因；諸依意根者皆非現量，猶如[三]比量同喻。是故不得以依現故名爲現量，故此解不當也。一云：現在五識量現五塵，故言現現别轉，名爲現量。此現則[四]是量，名爲現量，則[五]持業釋也。此釋亦不當理，該比量故，意識比知烟下火時，豈非

校注

【一】「則」，武邑尚邦釋「即」。【二】「則」，武邑尚邦釋「即」。【三】「猶如」，唐本作「如猶」，中有倒乙符。【四】「現則」，唐本作「則現」，中有倒乙符。武邑尚邦釋「即現」，沈劍英釋「則現」。【五】「則」，武邑尚邦釋「即」。

現在法上證名現，心是量故，法自之不離理也　亦有義云：或法
法一一自相不爲共相之所隱，故名之所現，故名現之所緣
所現境名爲能證，故云現之能證。心顯證現之量，故名現量。法
之法法釋也　又釋現量之心下二境分明所現緣這此之量分稱
現之能證也，法現即是之量，故名現量。法之能緣所證也
是根發識所得之境作攝取之得，法如後說　言此量者不取於執
證得疏爲之，此言是量故，除此量此言能攝取釋也，此言能證二
釋二之量名　數三者三量證者如本等三一得之證生證二得
心得性三得因分別者量之果才分別初得之證生證者一切
言以皆是現量以下境得自在現亡法得之者發分別
皆是言現量故云言以皆是現量　又云以攝天等者才法

現在？此亦應名現即是量，故此解[一]亦不當理也。今解云：色等諸法，一一自相不爲共相之所覆故，各各顯現，故名現現；五識等識[二]於顯現境各別轉，故言現現別轉。此則[三]量現之量，故名現量，此即依仕釋也。又釋，現量之心取二境，分明顯現，勝過比量，故稱現現別轉也。此現即是量，故名現量，此即持業釋也。此別轉言，且據散説，若約定論，揔緣亦得，此如後説。言比量者，不能親證，類[四]度而知，比[五]即是量，故稱比量，此即持業釋也。此即弟二釋二量名。弟三出二量體者，於中有三：一約定、散出體，二約八識明性，三約四分及能量、量果等分別。初約定、散出體者，一切定心皆是現量，以取境明白故。《理門論》云：諸脩定者，離教分別，皆是現量。故知定心皆是現量。問：定心緣无常、苦等共

校注

【一】「解」，沈劍英釋「釋」。【二】「識」，沈劍英釋「色」。【三】「則」，武邑尚邦釋「即」。【四】「類」，武邑尚邦釋「數」。【五】「比」，武邑尚邦、沈劍英皆釋「此」。

相之境為共現量為共比量　又於法而方法諸有兩釋不同一
云古法諸釋云無隔方便離者無常等來是正證於此證量除
正證者證得者等者也如者也如此一比為但離一者也如何是自相境之
是現量證此釋此諸釋分言也前後得者離後共相之非現量
也　二或賢師云釋義離後也分自共相是二量境義離分也
離自離共皆現量收　又詳二釋後釋為正義法等釋云遣
義理證後說說為正也是共稱又云見者是現量義是比量事
是義量義說云也通現比量義說言也通說云共稱亦現比
收此云遣義也又法所證者為證現量為通比所義證現量
名不離境者重此等為已前名理者義法離者正是離後
共相名現量義通比量者法所證者剎那說曰三云之比

相之境，爲是現量，爲是比量？答：依西方諸師有兩釋不同。一、上古諸師釋云，无流[一]方便緣苦、无常等未[二]是正證，故非證量。後[三]正體智證得苦等真如，真如非一、非多，但[四]緣一真如，故是自相境，亦是現量。准此釋，順决擇分、定心及後得智緣假共相，亦非現量也。二、戒[五]賢師釋云[六]，若約散心分自、共相，是二量境；若約定心，緣自、緣共皆現量收。今詳[七]二釋，後解爲正。若依前釋，即違教理。《瑜伽論》説：定心是知攝。又云：見知是現量，覺是比量，聞是教量。若説定心通現、比量，應説定心通覺、知攝，及現、比收，此即違教也。又，諸仏種智爲唯現量，爲通比耶？若唯現量，應不緣瓶、衣、軍林、舍宅等。何名種智？若許緣者，即是緣假共相。何名現量？若通比量者，諸仏種智刹那[八]覺照，豈[九]可比

校注

【一】「流」，武邑尚邦釋「胜」。【二】「未」，武邑尚邦釋「果」。【三】「後」，武邑尚邦、沈劍英皆釋「復」。【四】「但」，沈劍英釋「俱」。【五】「戒」，武邑尚邦、沈劍英皆釋「戒」，字同。【六】「釋云」，唐本作「云釋」，中有倒乙符。【七】「詳」，武邑尚邦釋「評」。【八】「刹那」，武邑尚邦釋「□明」，沈劍英釋「◇明」。「刹」，《字彙補》：同「刹」。【九】「豈」，武邑尚邦釋「定」。

度有乃違其故得云人不違比量一切法皆無不言之人證後見
唯現量故無諍言不自違比量法相違理也由此故無違釋有正
乎　曰若法後釋言人證後共有之名現量者分故法皆釋以現
量者云由此故等不以自相為境是故名以現量為所證故人開解
不能證識證後共相亦由比量之境得現證故比量者　二云
所自緣不二證緣不共相安由現證法緣故現之不相違
問法文元之法性言未離故分得法是現量者得人絕是言人
現法安證正故言人不離正故應比現量得收各得人證故
唯離故攝比是量隋三有證言境故正顯量言境後是離故
也　若得故人分相現量才云違現量比量及比量也比云是
得言故分得現比二量　其二得八識羅緣者眼耳已後及得

一〇九 度方乃决知？故仏之心不通比量。一切諸仏无不定心，仏心緣假既

一一〇 唯現量，故知餘定不通比量，此即違理也。由此故知後釋爲正

一一一 耳！問：若依後釋，定心緣假共相亦名現量者，何故此《論》釋似現

一一二 量中云，由彼於義不以[一]自相爲境界故，名似現量？答：散心闇弱，

一一三 取境浮淺[二]，緣假共相，必由比知，妄謂現證，故非真量。定心

一一四 明白，深取所緣，縱取共相，必由現證。《論》約散說，亦不相違。

一一五 問：《論》文既云：諸脩定者離教分別皆是現量者，仏心既是定心，

一一六 說法必緣其教，定心不離其教，應非現量所收。答：仏心緣教，

一一七 唯擬被機[三]，非是藉言方緣定境，故[四]智望定境，終是離教

一一八 也。若約散心分別現量等，即通現量、比量及非量也。此即是

一一九 約定、散分別現、比二量。弟二約八識辨體者，眼等五識及阿

校注

【一】「以」，武邑尚邦釋「似」。【二】「浮淺」，武邑尚邦釋「俘識」。【三】「擬被機」，武邑尚邦未釋。沈劍英未釋「機」。【四】「故」下，唐本原有「智」，並有三小點，乃刪除號。武邑尚邦釋「知」，沈劍英釋「智」，皆未刪。

二〇

賴耶識，若定、若散，若因、若果，若漏[二]、无[三]漏，皆現量攝，以離名

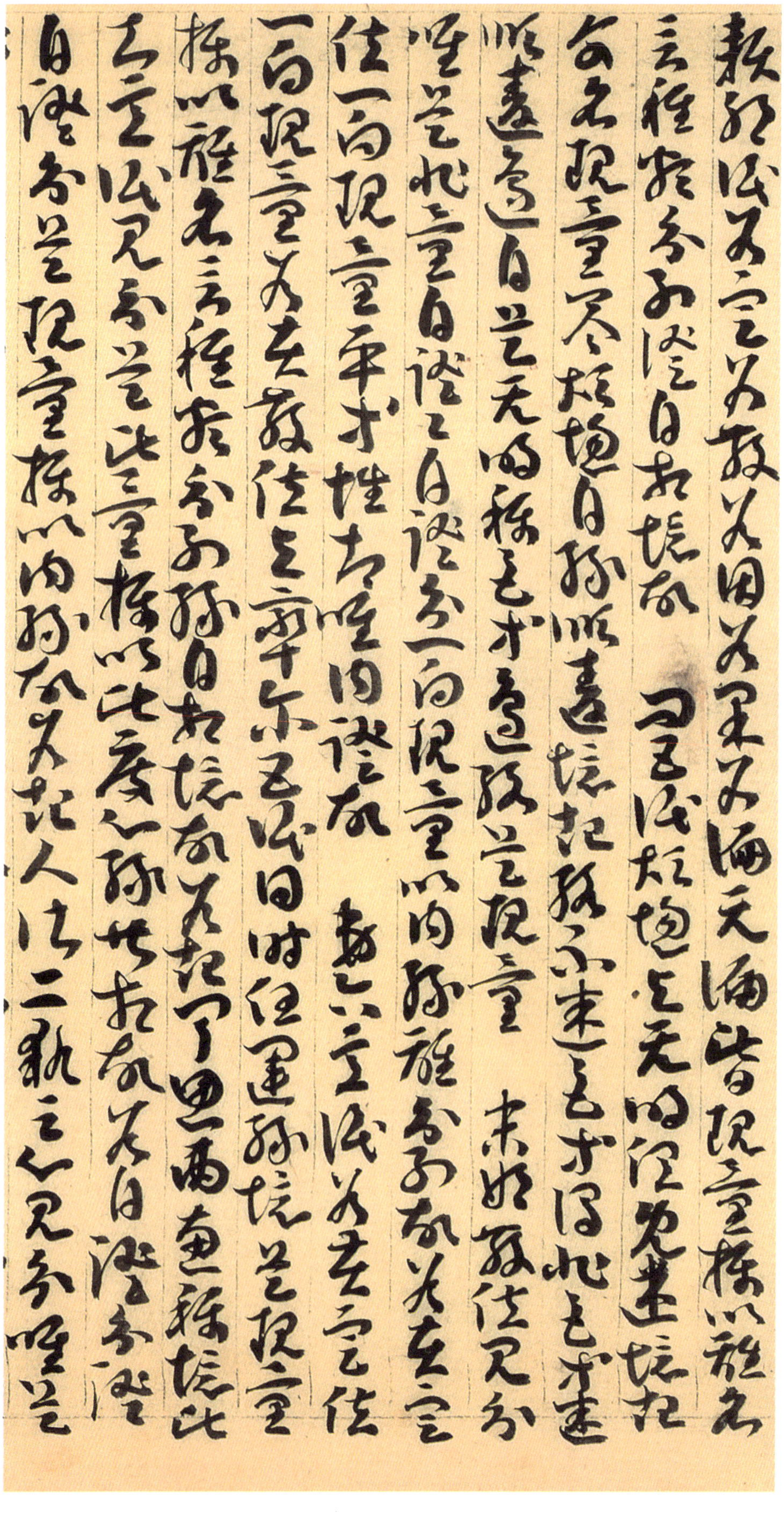

二一 言、種類、分別，證自相境故。問：五識煩惚[三]与无明俱，既迷[四]境起，
二二 何名現量？答：煩惚自緣順逺[五]境起，終[六]不迷[七]色等，謂非色等。迷[八]
二三 順逺[九]邊，自是无明；稱色等邊，終[一〇]是現量。末那散位見分
二四 唯是非量；自證、證自證分一向現量，以内緣離分別故；若在定
二五 位，一向現量，平等性智唯内證故。弟六意識若在定位，
二六 一向現量；若在散位，与率尔五識同時任[一一]運緣境，是現量
二七 攝，以離名言、種類、分別，緣自相境故；若起聞、思兩恵[一二]稱境比
二八 知，意識見分是比量攝，以比度心緣共相故；若自證分、證
二九 自證分，是現量攝，以内緣故；若起人、法二執之心，見分唯是

校注

【一】「漏」，唐本似「偏」。武邑尚邦、沈劍英皆釋「漏」。【二】「无」上，武邑尚邦有「若」。【三】「惚」，「惱」之俗字。（日）北川博邦《書法大字典》「惱」下有四個異體「惱、惱、惚、惱」。【四】「迷」，武邑尚邦釋「違」。【五】「逺」，武邑尚邦、沈劍英皆釋「違」，字同。【六】「終」，武邑尚邦釋「故」。【七】「迷」，武邑尚邦釋「違」。【八】「迷」，武邑尚邦釋「違」。【九】「逺」，武邑尚邦釋「遠」，沈劍英釋「違」。【一〇】「終」，武邑尚邦釋「故」。【一一】「任」，沈劍英釋「俱」。【一二】「恵」，同「惠」，字形見於秦漢簡帛、碑刻及王羲之《蘭亭序》。武邑尚邦、沈劍英皆釋「慧」。

此量以推自證，自證量以證分現量以攝，以內所緣法體，以緣見為是
相同時以以一法緣說　　第三明四分等量者，量以量之果分別者
然有二：初約法大小乘不殊，然四分法證四分之不同義，初教
立四分本隨量宗不同，初二家如廿部小乘之本正量部本
唯立見分不立相分，唯以見為相，足如明十九部說云唯此云然
以非說，行相以所緣以緣之為所行，以當大乘行相以所得以當
大乘見分以為正量所緣之所說，立所生說不說所行相者
見為見行分大乘證云此說緣云不說所云以不說所以行
為因法不說是行所者，皆不說所是相如是說因緣現是所說量
所云所說如是以行者　　第二量者分不立見分為大乘不清所
立說所說時但以說相云是說所比說，以說是自是見分為為

非量所攝。自證、證自證分現量所收，以内緣故。此中八識既如此判，同時心所一准[一]《識論》。弟三約四分及能量、所量、量果分别者，於中有二：初約諸大、小乘廢立四分，後正約四分分别。就初廢立四分中揔有六義不同。初家[二]如廿[三]部小乘之中，正量部中唯立見分，不立相分。何以得知？且如餘十九部緣境之時，皆言於心起境行相，緣行相心即名行解。行相即當大乘相分，行解即當大乘見分。若如正量部緣心外境，直[四]緣其境，不起行相，故知有見而无相分。大乘破云：眼識必定不能緣色宗，以不作色行相故因；諸不作色行相者皆不能緣色，猶如耳識同喻。既有此過，故知緣境必[五]有行相。弟二，唯相分，不立見分。如大乘中清辨菩薩説，緣境時但似境起，即是能緣，非離似境更有見分，名爲

校注

【一】「准」，武邑尚邦釋「唯」。【二】「家」，武邑尚邦釋「義」。【三】「廿」，武邑尚邦釋「二十」，後不再注。【四】「直」，武邑尚邦釋「應」。【五】「必」，武邑尚邦釋「心」。

能破墮似能立本破此宗義云云。今既無能破，有過不能破，如前立量
才式悉空求過之能破墮所他文此宗非正也。　第三有過
但示其如安慧一菩薩墮之似自體是法他說相見二分是遍計
所執。八云正所破之，如宗說能緣所緣故爲此安慧一菩薩云：似相見
依他是遍計所執，所緣自證分是依他起，所緣依他菩薩破云若
分依所依所之相見分是不有分能緣分立二依他
所緣者遍計所執之法所緣者遍計所執之由有相見分能有無
遍計所執也。　第四有見但其如實者菩薩雖說菩薩不是
有相見二分故據大乘於太者等說依云等安之如是法似第唯
似性假由三相一由墮似宗有宗故二由二性有相有見二似所
故三由種種種之不相爲生記故違此文故更無有實者三十之相見二

能緣。《唯識論》中破此義云：若心心所无能緣相，應不能緣，如虛空等。或虛空等應亦能緣。准斯《論》文，此義非正也。弟三，相、見俱不立。如安恵菩薩唯立識自體是依他起，相、見二分是遍計所執，以正智證如，不作能緣、所緣解故。爲此安恵菩薩言，八識相、見皆是遍計所執所攝，自證分是依他起所收。護法菩薩等破云，若尒諸仏後得智心亦有身、土等相分，能緣身、土等見分，亦應諸仏未遣遍計執心；諸仏既遣執心，由有相、見分等，故知相、見非遍計所執也。弟四，相、見俱立。如无著菩薩及難陁[一]菩薩等並立有相、見二分，故《攝大乘論本》云：後[二]次，云何安立如是諸識成唯識性？略由三相：一由唯識无有義故；二由二性有相、有見，二識別故；三由種種種種[三]行相而生起故。准此文，故知无著菩薩立相、見二

校注

【一】「陁」，武邑尚邦、沈劍英皆釋「陀」，字同。【二】「後」，武邑尚邦、沈劍英皆釋「復」。【三】「種種種種」，武邑尚邦、沈劍英皆釋「種種」。

分又經云　一切唯有覺　所覺義皆無　能覺所覺分　各自然而轉

此文意云能覺所覺分各自然爲轉故有見相二分

義云諸佛菩薩亦有三分故云相分爲所緣見分爲能緣自證分

見分能自緣見分亦有量果又見分爲能緣量果自證分亦能緣自證

若相分爲所緣更有能緣相見分自證分爲所量見分爲能量見分爲能

量自證分爲之量果故陳那菩薩以集量論云　似境相所量

能取相自證　即能量及果　此三體無別　解云似境相者

相分能之所相是見分自證是自證分爲能量見分爲所量自證分爲能量見分爲能

量之量果以自證分爲之量果此三體無別分明不離識也　義亦

生耳四分之則見親光菩薩及護法菩薩等說立云如以見分

是能緣之自證分亦是能緣所以立證自證

分。又《經》云：一切唯有覺，所覺義皆无，能覺、所覺分，各自然而轉。此文既云能覺、所覺分，各自然而轉，故知有其相、見二分。弟五，陳那菩薩立有三分，彼云相分爲所緣，見[一]爲能緣。其見分既不能自緣，應无有量果。又見分若无能緣，量果應不憶[二]昔曾[三]所更[四]事，故應别立自證分。謂相分爲所量，見分爲能量，自證分爲量果，故陳那菩薩所造《集量論》云：似境相所量，能取相自證，即能量及果，此三體无别。解云：似境相所量是相分，能取相是見分，自證是自證分，即能量明見分爲能量，量果明自證分爲量果，此三體无别明不離識也。弟六，立有四分[五]，則是親光菩薩及護法菩薩等義，彼立云：如以見分無能緣立有自證分，我[六]亦以自證分無能緣故，須立證自證

校注

【一】「見」下，沈劍英釋多「分」。【二】「憶」，武邑尚邦未釋。【三】「昔曾」，武邑尚邦未釋。【四】「更」，武邑尚邦釋「處」。【五】「分」下，唐本原有「了」，加點删之。武邑尚邦釋存「了」，沈劍英釋「别」。【六】「我」，武邑尚邦釋「義」。

分合依引經文云云從生之二性内外一切分　以元能下經　見經云
以差別　釋云何生之二性者之文能所以所云外分内分二性相也
内外一切分者者分見分相外分者分體外見分所緣外
相緣外自證之自證之内分是體是所證是内相内分外分證也
一切緣一切分也云云不能下能下經是爲字下能下能下經傳之所也見經之
以差別者者能所中見分二下能式云現式此式之量此之量經此一所緣
見經之差別也條件經文上四分等　問若以自證分之云能所所
立證自證分者立自證自證之云能所所行立者已分者立之
後有云云前能之道理合證自證分所自證分時自證分者云
兩用一所見分用二者都所證自證分用故示之所立者已分也
問若示見分之見者兩用一所者分二所自證立道之所示立者四分

一六三 分。故彼引《經》文云：衆生心二性，内外一切分。所取能取纒[一]，見種種
一六四 差別。解云：衆生心二性者，心有能緣、所緣或外分、内分二性故也。
一六五 内外一切分者，相分、見分爲外分，相分體外故稱外，見分緣外
一六六 故稱外；自證、證自是内分，若體、若緣俱是内故。内分、外分俱非
一六七 一，故稱一切分也。所取、能取纒者，爲所取、能取纒縛心故也。見種種
一六八 差别者，於能緣中見分取境，或現、或比，或量、非量，種非一故，稱
一六九 見種種差别也。據此經文，立四分義。問：若以自證分無能緣故
一七〇 立證自證分者，亦應證自證無能緣故，須立弟五分，如是
一七一 便有無窮之過。答：證自證分緣自證分時，自證分有其
一七二 兩用，一緣見分用，二有却[二]緣證自證分用，故不須立弟五分也。
一七三 問：若尔見分亦有兩用，一緣相分，二緣自證，應不須立弟四分

校注

【一】「纒」，見於北魏至唐之碑刻及寫卷。武邑尚邦、沈劍英皆釋「纏」，字同。【二】「却」，沈劍英釋「卻」，「却」「卻」字同。

一七四

也。問：若尔見分緣相分，却緣自證分，即有[二]同一時一分亦是量、

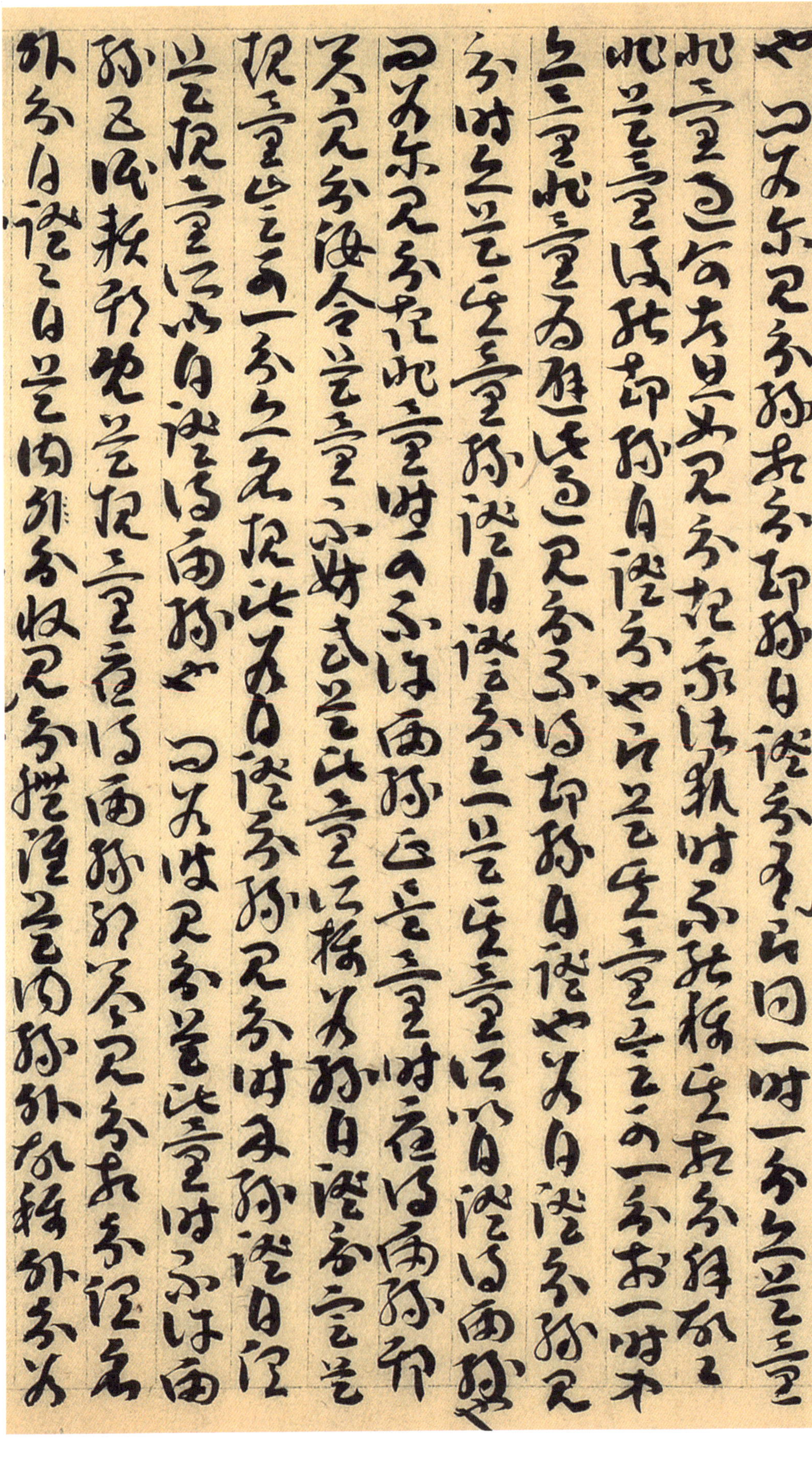

非量過。何者？且如見分起我、法執時，不能稱其相分解故，故非是量；後[二]能却緣自證分[三]也。即是其量，豈可一分於一時中亦量、非量？爲避此過，見分不得却緣自證也。若自證分緣見分時亦是其量，緣證自證分亦是其量，所以自證得兩[四]緣也。

問：若尔見分起非量時，可不許兩[五]緣，正是量時應得兩[六]緣耶？

答：見分假令是量，不妨或是比量所攝；若緣自證分，定是現量，豈可一分亦名現、比？若自證分緣見分時及緣證自，俱是[七]現量，所以自證得兩[八]緣也。問：若彼見分是比量時不許兩[九]緣，五識、賴[一〇]耶既是現量，應得兩[一一]緣耶？答：見分、相分俱名外分，自證、證自是内[一二]分收。見分體雖是内緣外，故稱外分，若

校注

【一】「即有」，唐本作「有即」，中有倒乙符。【二】「後」，武邑尚邦、沈劍英皆釋「復」。【三】「分」，武邑尚邦漏釋。【四】「兩」，武邑尚邦釋「再」。【五】「兩」，武邑尚邦釋「再」。【六】「兩」，武邑尚邦釋「再」。【七】「是」，武邑尚邦漏釋。【八】「兩」，武邑尚邦釋「再」。【九】「兩」，武邑尚邦釋「再」。【一〇】「賴」，武邑尚邦釋「轉」。【一一】「兩」，武邑尚邦釋「再」。【一二】「内」下，唐本原有「外」，點删。武邑尚邦釋存之。沈劍英釋「外」，並注：「外」，當爲衍字。

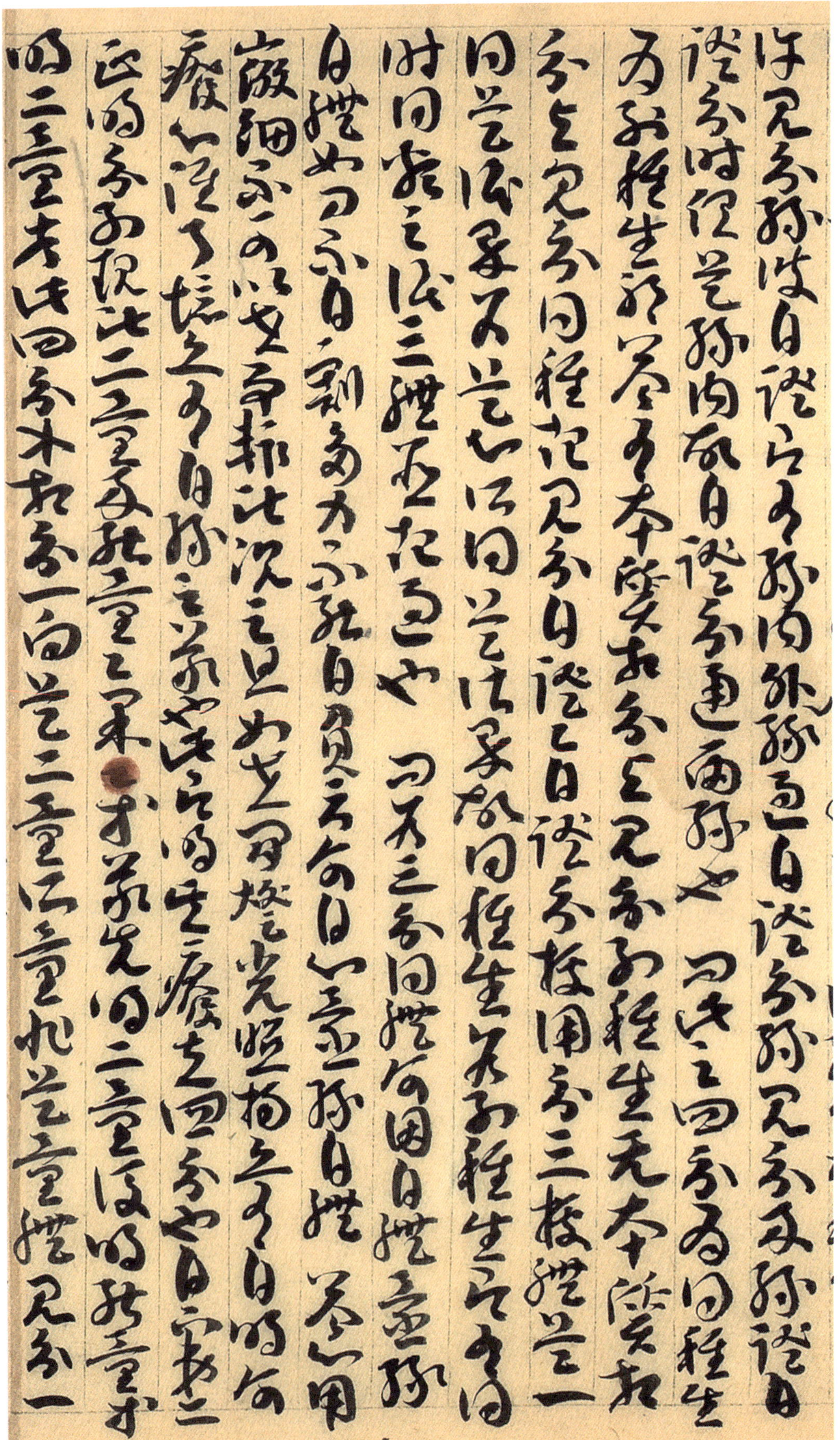

一八五

許見分緣彼自證，即有緣內、緣外[一]過[二]。自證分緣見分及緣證自證分時，俱是緣内，故自證分通兩[三]緣也。問：此之四分，爲同種生，爲別種生耶？答：有本質相分与見分別種生，无本質相分与見分同種起。見分、自證、證自證分據用分三，據體是一，同是識界；若是心所，同是法界，故同種生。若別種生，即有同時同類之識，三體並[四]起過也。問：若三分同體，何因自體還[五]緣自體？如刀不自割，多力不能自負，云何自心還[六]緣自體？答：心用微細，不可以世事輒[七]比况之，且如世間燈光照物，亦有自明，何癈[八]心雖了境，亦有自緣之義也。此即明其癈[九]立四分也。自下弟二正明分別現、比二量及能量、量果[一〇]等義。先明二量，後明能量等。明二量者，此四分中相分一向是二量所量，非是量體。見分一

校注

【一】「緣外」，唐本作「外緣」，中有倒乙符。【二】「過」，武邑尚邦釋「通」。【三】「兩」，武邑尚邦釋「再」。【四】「並」，沈劍英釋「并」。

【五】「還」，武邑尚邦釋「重」。【六】「還」，武邑尚邦釋「重」。【七】「輒」，武邑尚邦釋「趣」。【八】「癈」，武邑尚邦釋「廃」，沈劍英釋「廢」。《說文·疒部》：「癈，固病也。」段玉裁注：「癈，猶廢。」「廃」，古同「廢」。【九】「癈」，武邑尚邦釋「廃」，沈劍英釋「廢」。

【一〇】「果」下，唐本原有重文符，朱筆塗之。

雖有是三法通三現量比量及非量如是以後意識自證
分證自證分皆唯是現量三量未必俱頓以見分一向非量故
皆自證證自證分平等性智相應見分自證分證自證分一
向是現量意識相應見分通三緣教所見分自證分證自證分一切
皆是現量以揀此所是之為四分生三量攝也　次為四分
攝能量所量及量果四分如相分一向是所量見分是
通能量所量不通量果自證證自證分通能量所量量果
量果也且如相分是所量見分是能量自證分是量果
見分是所量自證分是能量證自證分是量果自證分
是所量證自證分是能量自證分是量果證自證分是
所量自證分是能量證自證分是量果也已上本問攝

種，若是意識，通其現量、比量及非量，如前以[一]說；意識自證分、證自證分皆是現量。其末那識散心見分一向非量，散心自證、證自證分，及平等性智相應見分、自證分、證自證分，一向是其現量所攝。其五識及賴耶見分、自證、證自證分，一切皆是現量所攝。此則[二]是其約[三]四分出二量體也。次約四分辨能量、所量及量果等分別者，相分一向是所量；見分唯通能量、所量，不通量果；自證、證自證分通能量、所量及量果也。且如相分是所量，見分是能量，自證分是量果；見分是所量，自證分是能量，證自證分是量果；自證分是所量，證自證分是能量，自證分是量果；證自證分是所量，自證分是能量，證自證分是量果也。上來摠約[四]

校注

【一】「以」，沈劍英釋「已（以）」。「已」「以」，古通假。【二】「則」，武邑尚邦釋「即」。【三】「約」，武邑尚邦釋「明」。【四】「摠約」，唐本作「約摠」，中有倒乙符。

以法因生因分生二量體并能量之量果分了從生之境
然因明以比才之爲　上來已明二量果就體作文中分之爲
二初明生二量二之正解以二量之從此爲因果境
後明現比二量果生明生二量之也得見境差
亦之之差不過二量由證自知果故分爲論今於以下
作量分別後之現比量也　從因生果現量得見分了
迷因自以正明生云以二之量於果之二初明生以量復於分分以
明以之量就生量果之二初解二之量復分之量果之生二量果
就分文本後分爲二初自現之量後解比量自現之量果先相
生現量體後於自解比之超生現量體也云比果右式法有時
就此法之論就不比如分解云云分分有之正生現量體之如也代

二〇七 八識，明其四分，出二量體，并[一]能量、所量、量果分別，准其心王既
二〇八 然，同時心所等亦尔。上來已[二]明二量義。就解《論》文中分之爲
二〇九 二：初明立二量意，二正解真、似二量。言後[三]次，爲自開悟，當知
二一〇 唯有現、比二量者，此即明立二量意也，謂凡欲[四]悟他，先須[五]自覺，
二一一 自[六]覺之道不過二量，由證自相、共相境故，遮聲、喻等所有
二一二 餘量，故稱唯有現、比[七]量也。《論》曰：此中現量謂无分別者。
二一三 述曰：自下正明真、似二量，於中有二：初明真量，後有分別，下
二一四 明似量。就真量中有二：初釋二量，後於二量中下出二量果。
二一五 就前文中後[八]分爲二：初解現量，後解比量。解現量中先摠
二一六 出現量體，後別解釋。此即摠出現量體也。言此中者，或簡持
二一七 義，起論端義，此如前解。言无分別者，正出現量體。且如[九]五識

校注

【一】「并」，武邑尚邦釋「辯」，沈劍英釋「辨」。【二】「已」，武邑尚邦釋「正」。【三】「後」，武邑尚邦、沈劍英皆釋「復」。【四】「欲」，武邑尚邦釋「言」。【五】「須」，武邑尚邦釋「論」。【六】「自」，武邑尚邦漏釋。【七】「比」下，沈劍英釋加「二」，並注：「二」字脱，此據《入論》補。【八】「後」，武邑尚邦、沈劍英皆釋「復」。【九】「如」下，沈劍英釋加「一」，並注：此脱「一」，茲據下文序數補。

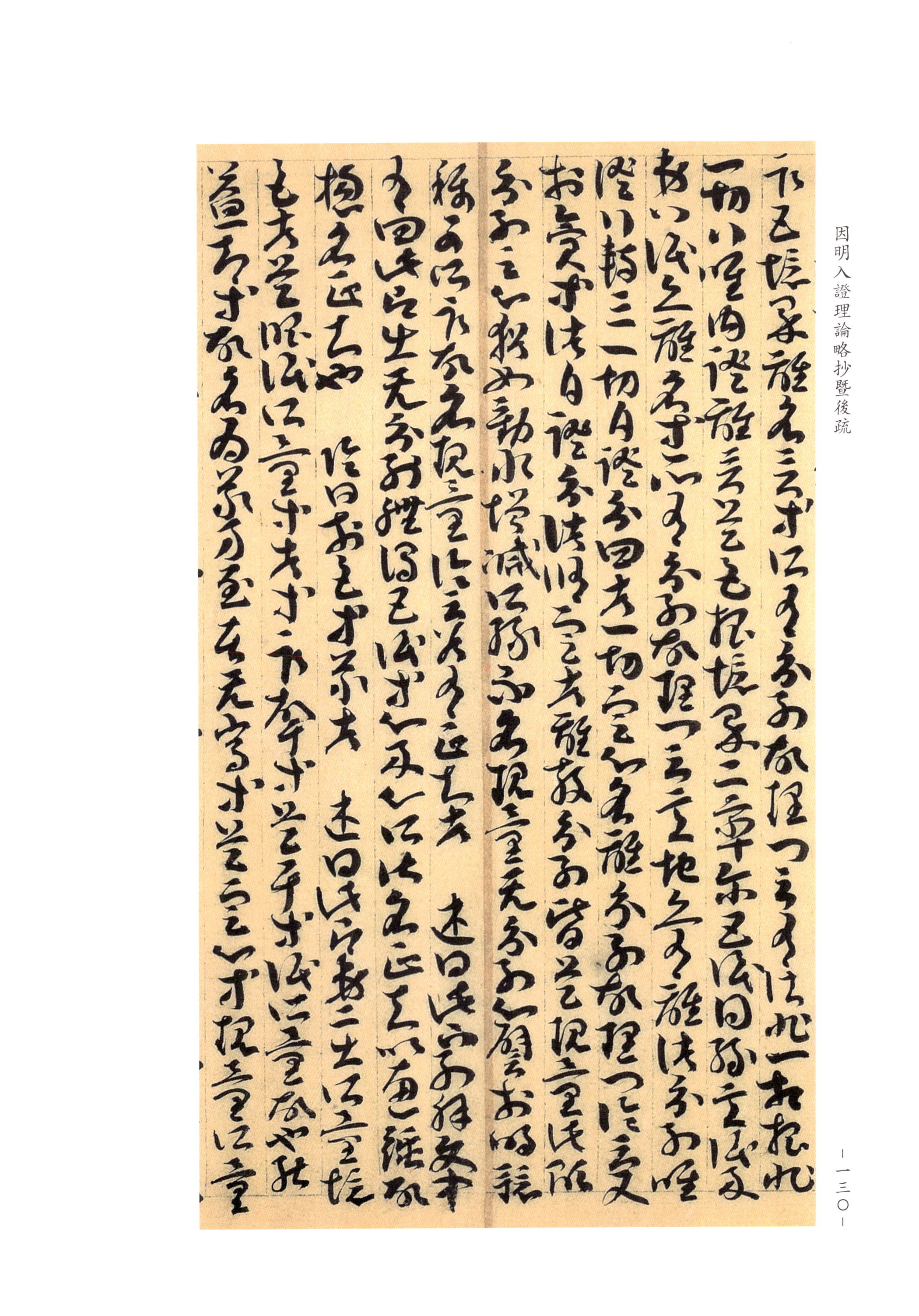

[illegible]

取五境界，離名言等所有分別，故《理門》云有法非一相，根非一切行，唯内證離言，是色根境界。二、率尔五識同緣意識及弟八識，亦離名等所有分別，故《理門》云：意地亦有離諸分別，唯證行轉。三、一切自證分。四者，一切定心名離分別，故《理門論》云：又於貪等諸自證分，諸脩定者離教[一]分別，皆是現量。此顯分別之心，猶如動水，增減所緣，不名現量；无分別心，譬於明鏡，稱可所取，故名現量。《論》云：若有正知[二]者。述曰：此下別解，文中有四，此即出无分別體，謂五識等心及心所皆名正知[三]，以恵彊[四]故，揔名正知[五]也。《論》曰：於色等義者。述曰：此即弟二出所量境。色者是眼識所量；等者，等取聲等，是耳等識所量故也；能益智等，故名爲義[六]，乃至苦、无常等，是定心等現量所量。

校注

【一】「教」，武邑尚邦漏釋。【二】「知」，武邑尚邦、沈劍英皆釋「智」。【三】「知」，武邑尚邦、沈劍英皆釋「智」。【四】「恵彊」，武邑尚邦未釋，沈劍英釋「慧强」。【五】「知」，武邑尚邦、沈劍英皆釋「智」。【六】「義」，武邑尚邦釋「我」。

法本是聲發之但說之不自相違也　論曰雖名相違不以其分
不立　述曰此下我三釋兼分不得如現量要雖名言
相違不以其分不離名言分不共得如許名言下法法差別
比現量所共許名言不離相違分不共相違相違不二得不情相違
相法相不情相違共言不情上目之實為差法相違相共言
法法上目之實為差文相違相不二得總相違相總相違
相共言大不為遍一切法法相違相違相遍分不相違相違共目
實為之一切法法相違相作定不顯分法求法言許作宗說文相違
相共言言法法遍相違相也如法如言相違相分不得作了共
此為比現量以遍相違相言世有分不實相違言如計度分求
共求亦見求遍有了至以詳得遍分不此為比現量也

此中且約散心，但說色等自相境也。《論》曰：離名種等所有分別者。述曰：此即弟三釋无分別義，謂若現量必離名言、種類等所有分別。離名言分別者，謂若待名言取諸法者皆非現量，緣共相故。言離種類[一]分別者，種類有二，謂有情種類、法種類。有情種類者，即有情上同、異句義；法種類者，即諸法上同、異句義。又，種類有二，謂揔種類、別種類。揔種類者，即大有句與一切諸法種類作其通體故；別種類者，即同、異句与一切諸法種類，作其別體故。此等皆是勝論宗說。又，種類者，即是諸法假種類也，若依如是種類分別緣境界者，皆非現量，以假種類是共相故，若實種類[二]，妄計度故。等者，等取瓶等、假智乃至所餘緣假分別，皆非現量也。

校注

【一】「類」，武邑尚邦釋「種」。【二】「種類」，唐本作「類種」，中有倒乙符。

論曰現現別轉故名現量者　述曰此下第四釋名然[illegible]現現別轉者如眼等[illegible]也　論曰言此量者謂[illegible]現量　述曰此下第二釋此量文有二初[illegible]明後指事初[illegible]也[illegible]等此因[illegible]無常[illegible]之名[illegible]之果也　論曰若有正智於色等義者　述曰此下指事文有二初[illegible]

[illegible]

西國因明[illegible]

《論》曰現現別轉故名現量者。述曰：此即弟四釋名結義。現現別轉者，如前章[一]中解也。《論》曰：言比量者，謂藉衆相而觀於義。述曰：此下弟二解比量，文中有二，初約義揔明，後指事別解，此即約義明也。謂藉衆相即是比因，謂緣三相之智是比解无常智之因也。而觀於義者，即是比果，謂解无常之智是緣三相智之果也。《論》曰：相有三種，如前已説者。述曰：此下指事別解，文中有二，初解衆相，顯因所觀義，後解藉相觀義，正明指事，此即初也。謂所藉衆相有其三種，即遍是宗法等，如前解能立因中已説也。《論》曰：由彼爲因，於所比義有正智生，了知有火或无常等，是名[二]比量者。述曰：此即解藉相觀義，正明指事也。西國因明釋論中

校注

【一】「章」，武邑尚邦釋「来」。【二】「是名」，唐本作「名是」，中有倒乙符。

者三法自性文不同　一云由彼為因者所由由彼言說為因也
所以此宗者因三相宗因也令正智生者異於前智因正
然此量體也了知者火無常等者所比量果文中舉
果所因故一云合說彼能文之自　一云所以此宗者所無常
等宗也令正智生者正所果智了智者火無常等者正智果智
體彼中證舉果智者所因智為此量體也　一云了智有
正智生者如初說說了智者火無常等者量所因智所以因智圓
滿故了智者火無常等也　已上釋由彼為因智者由因由彼三
相三宗為自所無常等因正自者文宗之稱為宗也所以此宗
者自之所無常宗是正智生者所彼正智果智了智等
等火無常等者正所果智所宗言者此回向自上為

有三師解此文不同。一云：由彼爲因者，顯由彼言説爲因也。於所比義者，明三相義因也。有正智生者，弁[一]緣相智因，即是比量體也。了知有火或无常等者，顯比量果，文中舉果顯因，故一處合説也，結文可解。一云：於所比義者，顯无常等義也。有正智生者，即是果智。了知有火等者，出果智體。此中雖[二]舉果智，欲[三]顯因智爲比量體也。一云：乃至有正智生者，如初師説。了知有火等者，重顯因智相，謂因智圓滿故，了知[四]有火等也。今釋由彼爲因者，謂因智由用彼三相言義爲解，顯无常等因，即解前文謂藉衆相也。於所比義者，解上所觀无常等義；有正智生者，顯能觀果智體；了知有火或无常等者，正顯果智觀義之相。此四句即解上而

校注

【一】「弁」，武邑尚邦釋「辯」，沈劍英釋「辨」。【二】「雖」，武邑尚邦釋「唯」。【三】「欲」，武邑尚邦釋「言」。【四】「知」，武邑尚邦釋「智」。

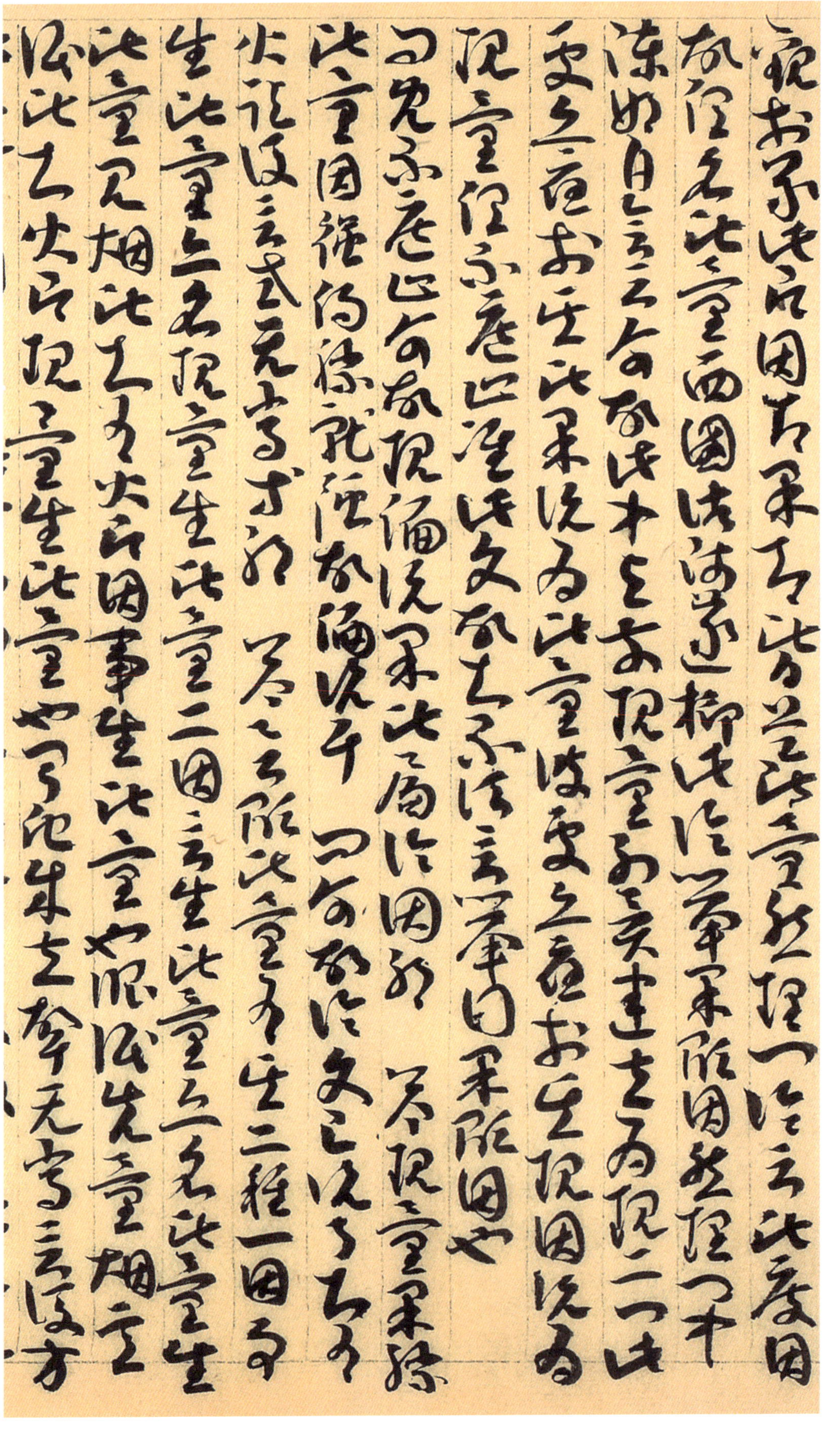

〔二六二〕觀於義。此即因智、果智皆是比量，然《理門論》云：比度因

故，俱名比量。西國諸師遂[一]抑[二]此論，舉果顯因。然《理門[三]》中陳那自會[四]云：何故此中与前現量别異建立？爲現二門，此處亦應於其比果説爲比量，彼處亦應於其現因説爲現量，俱不遮止。准[五]此文，故知不須言舉因[六]果顯因也。問：既不遮止，何故現偏説果，比屬論因耶？答：現量果勝[七]，比量因强[八]，約勝就强[九]，故偏説耳。問：何故《論》文已説了知有火訖[一〇]，後[一一]言或无常等耶？答：欲[一二]顯比量，有其[一三]二種。一、因事生比量，亦名現量生比量。二、因言生比量，亦名比量生比量。見烟比知有火，即因事生比量也；眼識先量烟，意識比知火，即現量生比量也。聞他成立聲无常言，後[一四]方

校注

【一】「遂」，武邑尚邦釋「義一」。【二】「抑」，武邑尚邦、沈劍英皆釋「抑」，字同。【三】「門」下，武邑尚邦多「論」。【四】「會」，沈劍英釋「言」。【五】「准」，沈劍英釋「準」。【六】「因」，唐本只存「口」及「大」之初筆。武邑尚邦、沈劍英皆釋「因」。【七】「勝」，武邑尚邦釋「結」。【八】「强」，武邑尚邦未釋。【九】「强」，武邑尚邦未釋。【一〇】「訖」，武邑尚邦、沈劍英皆釋「説」。【一一】「後」，武邑尚邦、沈劍英皆釋「復」。【一二】「欲」，武邑尚邦釋「言」，沈劍英釋「欲」。【一三】「其」，武邑尚邦漏釋。【一四】「後」，武邑尚邦釋「復」。

此稱此名因云生比量也由立於比量力故敵者比立先
等隨名比量生比量也之所因等因言二種比量故云
了之者此式云無等才也故理之語云此者二種謂於記此書
疏云察不立語量現生或比量生從此文故云所二比量也
作曰於二量才正名果是證者故者　述曰上未釋二量能
曰亦生二量果文者二種生二量果正釋法雜生正生二
量果也謂二量果才正下丙謂因表正才植說名言之見
不名為能量正自證分見曰量果見分自證用於證自故
云正生名為果也是從生而生現比二量如生乃者是證自
而若而使故也　因何教知此覺見而境云何因表植說名
知　若枝之見二量果要以言為名正所立破之見故知言為作

比解，此即因言生比量也；由立論比量力故，敵者比知无常，此即比量生比量也。欲[一]顯因事、因言二種比量，故云：了知有火或无常等也。故《理門論》云：此有二種，謂於所比審觀察，智從現量[二]生或比量生。准[三]此文，故知顯二比量也。

《論》曰：於二量中即智名果，是證相故者。述曰：上來解二量訖，自下出二量果。文中有二，初出二量果，後釋伏難，此即出二量果也。謂二量中智寂[四]爲勝，同聚心等，揔就智名。智之見分名爲能量智，自證分名曰量果，見分、自證，用別體同，故言即智名爲果也。是證相故者，現、比二量如其次弟，是證自相、共相境故也。問：阿賴耶識既无别境，云何同聚揔就智名耶？答：據實二量未必以智爲名，今顯立破之无故，約智爲論。

校注

【一】「欲」，武邑尚邦釋「言」。【二】「現量」，唐本作「量現」，中有倒乙符。【三】「准」，沈劍英釋「準」。【四】「寂」，武邑尚邦、沈劍英皆釋「最」，字同。

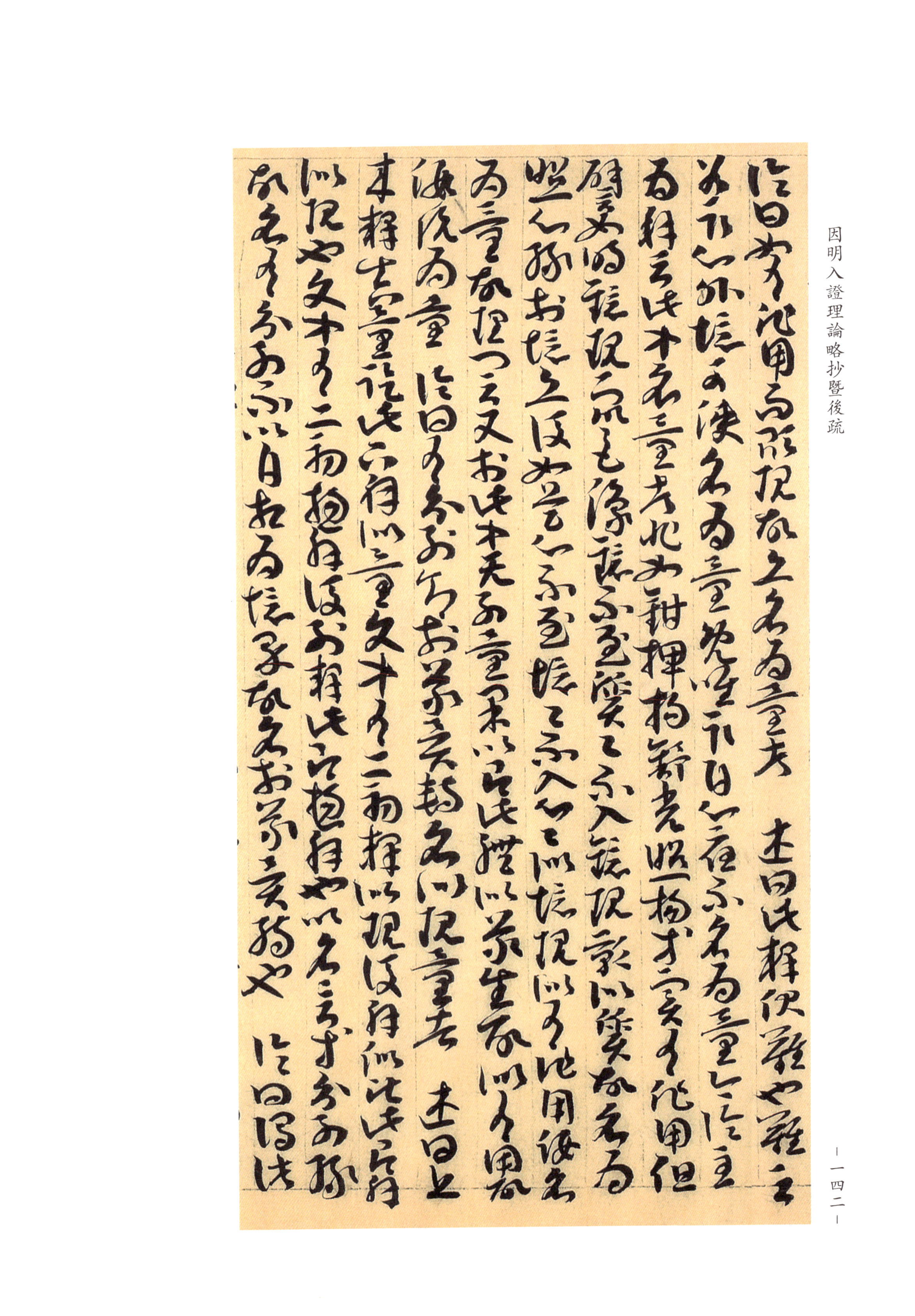

二八四 《論》曰：如有作用而顯現故，亦名爲量者。述曰：此釋伏難也。難云：
二八五 若取心外境，可使名爲量；既唯取自心，應不名爲量。今論主
二八六 爲解云：此中名量者，非如鉗撣、拘[一]舒、光照物等實有作用，但
二八七 譬如明鏡現衆色像，鏡不至質，質不入鏡，現影似[二]質，故名爲
二八八 照。心緣於境，亦復[三]如是，心不至境，境不入心，心似境現，似有作用，假
名
二八九 爲量。故《理門》云：又於此中无別量果，以即此體似義生故，似有用故，
二九〇 假説爲量。《論》曰：有分別智於義異轉，名似現量者。述曰：上
二九一 來釋真量訖，此下解似量。文中有二，初釋似現，後解似比，此即解
二九二 似現也。文中有二，初摠解，後別釋，此即摠解也，以名言等分別緣
二九三 故，名有分別；不以自相爲境界故，名於義異轉也。《論》曰：謂諸

校注

【一】「鉗撣拘」，武邑尚邦釋「□□物」，沈劍英釋「鉗押、拘」。【二】「影似」，武邑尚邦釋「彰以」。【三】「復」，唐本似「後」，武邑尚邦、沈劍英皆釋「復」，從之。

乎等了顯故不成所作性為生者　述曰此下第二釋文文中有二初釋上
乎所作性依釋上所量不成矣勝論此云初也謂法先大外道說聲
有以顯有言從緣生所作了顯不所作性為生顯有言
從因緣生所作了能顯隨聲故名以現量也　述曰此
所作所以有為聲之故名以現量者　述曰此釋上所作言
勝也謂由此所作之有為聲常不然一定有無為聲之不同顯
不成假立有為聲之故名以現量也正此得義之法以勝之二種
假故　述曰為所因有為先從法以聲有故名以此量也　述曰
此以釋以此量文中有二初釋上釋後依所釋此名釋上釋也謂
為所因有為先去所以此之因有也從法以所有先所以此之
果者也為因有為果有釋有所以此之量也　述曰以因為釋也是

有智了瓶、衣等分別而生者。述曰：此下別解，文中有二，初解上有分別智，後解上於義異轉，此即初也。謂諸凡夫、外道所有邪智[一]，以瓶、衣名言、種類、假立、分別了瓶、衣等，分別而生瓶、衣，是假四塵合成。分別之心，妄謂眼見[二]故，名似現量也。《論》曰：由彼於義不以自相爲境界故，名似現量者。述曰：此解上於義異轉也。謂由彼分別之心於境界義，不以實自相爲境界，乃用瓶、衣等假共相爲境界，故名似現量也。此約散心説，以仏之心亦緣假故。《論》曰：若似因智爲先所起諸似義智，名似比量者。述曰：此下解似比量，文中有二，初摠出體，後別解釋，此則[三]摠出體也。謂若似因智爲先者，顯似比之因智也。所起諸似義智者，明似比之果智也，若因智、若果智，摠名似比量也。《論》曰：似因多種，如先

校注

【一】「智」，武邑尚邦釋「知」。【二】「見」下，武邑尚邦釋多「分」。【三】「則」，武邑尚邦釋「即」。

似說者　述曰：此下第釋也。文中有二：初釋似因，後正釋似比量。初
謂似因十四種，如前以文中已說也。　論曰：用彼為因，於似所比
諸有智生，不能正解，名似比量者　述曰：此顯正解似比也。言用彼為
因者，謂似因者，用彼似因，云示為自所生者，正因此云自解似比已
因者也，云於似比此者，似果者以致智生才也，此身者生似以比
果者生也。不能正解者，釋似果者，於聲謂常，以妄執常為解由
此生智，名似比量也。若準於文言具三，相翻前也云。　論曰：復
次若正顯示能立過失，說名能破者　述曰：上來已釋真似二量，
下釋能破。現量三比量及似悟自能立，此以悟自悟他能破中生
能破及似能破。文中有二：初釋能破，後釋似能破。釋真破中有二：
初總釋能破名體，二別初句指事二屬釋。此正初也。謂若能正顯

以説者。述曰：此下别解也，文中有二，初解似因，後正解似比，此即初也。謂似因十四種，如前似立中已説也。《論》曰：用彼爲因，於似所比諸有智生，不能正解，名似比量者。述曰：此則[一]正解似比也。言用彼爲因者，謂似因智用彼似因言義爲解，顯常等之因，此則[二]解似比之因智也。言於似所比者，謂果智所觀常等也。諸有智生，謂似比果智生也。不能正[三]解者，釋似果智相，謂非常法妄作常解，由非真故，名似比量也。若准[四]前文，還[五]有三釋，翻前可知。《論》曰後[六]次，若正顯示能立過失，説名能破者。述曰：上來已解真、似二量，即釋頌中現量与比量，及似唯自悟訖，從此以下，解前頌中真能破及似能破。文中有二，初解真破，後釋似破。解真破中有二，初揔釋能破名、體，二謂初下指事廣釋。此即初也。謂若能正顯

校注

【一】「則」，武邑尚邦釋「即」。【二】「則」，武邑尚邦釋「即」。【三】「正」，武邑尚邦釋「生」。【四】「准」，沈劍英釋「準」。【五】「還」，武邑尚邦釋「重」。【六】「後」，武邑尚邦、沈劍英皆釋「復」。

亦不犯似能立中所立過失。此後是先能破也。又能破中因一
先能破門所先當過，自言無假能破云云。先能破二者，似破
門當過所作以結者，自不免過，能爲似決。此中有違決是過
也。三似能破門無過過妄所自陳無失，爲可相違之過，似結
似中也。以能有似示是也。四以之能破門無過過妄所已結是似目意
有假是以言著，以名陳云同法者，似示是也。爲是過三分結
若正所示不成也。今云之爲量過二，以相違決定所作爲過。
所顯結先也。 論曰：顯示能立缺減過性者。 述曰：此下結第
應釋文中有二：初明以能破之爲過，後正辨能破之云。就似破中
有二：初明缺減，先後所說三過。此下明缺減之過也。今爲是兩方之
兩釋不同：一云，救已立法。法釋云：不因緣不說有似根本爲
[illegible]

示他似能立中所有過失，即説此是真能破也。又，能破有四。一、真能破，謂斥失當過，自量无瑕，故言真能破。二、真似破，謂當過而斥，所以稱真；自不勉傒[一]，故名爲似，此即相違決定過也。三、似能破，謂无過妄斥，自雖无咎[二]而有枉善[三]之傒[四]，所以稱似，即如所作相似等是也。四、似似能破，謂无過妄斥，已稱其似，自量有瑕，是以重[五]著似名，此即同法相似等是也。今爲簡後三，故稱若正顯示等也；或可爲簡後二，以相違決定望顯他過邊，亦得稱真也。《論》曰：謂初能立鈌[六]減過性者。述曰：此下指事廣釋，文中有二，初明所破之過，後正解能破之言。就所破中有二，初明鈌減失，後顯卅三過，此即明鈌減過也。何者？西方有兩釋不同。一、世親已前諸師釋云：宗、因、喻中隨有所闕名爲

校注

[一]「勉傒」，武邑尚邦、沈劍英皆釋「免徯」。《因明入正理論略抄》五五行有注，可參看。[二]「咎」，唐本原字右上「卜」作「丶」，字形見《書譜》。[三]「枉善」，武邑尚邦釋「极義」，沈劍英釋「枉害」。[四]「傒」，武邑尚邦、沈劍英皆釋「徯」。[五]「重」，武邑尚邦釋「言」。[六]「鈌」，武邑尚邦、沈劍英皆釋「缺」，字同。後有「垂」下部作「山」者，皆同「缺」，不再注。

雖滅猶有六句取一有三句如有宗同因無除是一有宗同除無
因是一有因除無宗同是二取二有三句如有宗同無因除是一
有因無宗同除是一有除無宗同因是一故有六句也前取宗
因除三各為一者應有七句同上為三無猶此能立合過名取
故同不作取三也二陳那菩薩云宗此能立唯於因三相有過
取名雖滅也此立有六句為三有木取一有三句取二有三句
求二而除宗此立有大師云陳那得因同異除三木過有過取名
雖滅古師之所不能生體有為宗此並畫兒無異只於取異
過故得三有不過有取一也宗此並畫兒無異只有取異
只無有合過此此釋取 答無異只故兩無異除因因不過明
故有數三相也 問曰立宗不過體不舉因體不立因性相違因性

鈌減。揔有六句：闕一有三句，如有宗、因无喻是一，有宗、喻无因是一，有因、喻无宗是一；闕二有三句，如有宗无因、喻是一，有因无宗、喻是一，有喻无宗、因是一，故有六句也。若闕宗、因、喻三名爲一者，應有七句，至[一]爲三无，揔非能立，何得名闕？故不取闕三也。二、陳那菩薩云，宗非能立，唯於因三相中隨有所闕名鈌減也。此亦有六句，於三相中闕一有三句，闕二有三句等，可准[二]前作。亦有大德云：陳那約因、同、異喻三中隨有所闕名鈌減者，此恐不然。真性有爲空等比量，定无異喻，豈名闕一過？故約三相不得有闕一也。問：若尔此比量既无異品，應闕異品无相，何得作[三]此釋耶？答：无異品故，必无異喻，因[四]不濫[五]行，故有弟三相也。《論》曰：立宗過性、不成因性、不定因性、相違因性

校注

【一】「至」，武邑尚邦漏釋。【二】「准」，沈劍英釋「準」。【三】「作」，沈劍英漏釋。【四】「因」下，唐本另行一「因」，點刪，武邑尚邦釋保留，沈劍英不收録。【五】「濫」，武邑尚邦未釋。

有法自性者　述曰此所卅三過，謂宗有九過，因有十四過，喻有
有同喻過及異喻十過也　論曰顯示此言開曉問者故名能破者
述曰此正顯能破之言也，謂能破所示不知者過，生其義，能開曉之
之問，以言所示於彼所宗，此言名能破也　論曰若不實顯能立
過言名似能破者　述曰此釋似能破，文中有二，初總標名宗，
二指事分釋，此即初也。謂若不實顯所立能立過，生之言
名似能破，此是同能破本，似能破及似能破也　論曰謂於圓滿
能立顯示缺減過性言，於無過宗有過宗言，於成就因不成因
言，於決定因不定因言，於不相違因相違因言，於無過喻
有過喻言者　述曰此下指事，文中有三，初指事分釋，二
總結，三明不能所以，今且釋指事初也，謂於

及喻過性者。述曰：此顯卅三過，謂宗九過，不成〔四〕[一]過，不定六過，相違四過及喻十過也。《論》曰：顯示此言開曉問者，故名能破者。述曰：此即正顯能破之言也，謂能顯示如前過失，善能開曉耶立之問，以言顯尔[二]，故稱顯示[三]，此言名能破也。《論》曰：若不實顯能立過言，名似能破者。述曰：此下解似能破，文中有二，初揔解名義，二指事别解，此即初也。謂若不能實顯示他能立過失，如此之言名似能破，此即是四能破中似能破及似似能破也。《論》曰：謂於圓滿能立顯示缺減性言，於无過宗有過宗言，於成就因不成因言，於決定因不定因言，於不相違因相違因言，於无過喻有過喻言者。述曰：此下指事别解，文中有三，初指事别解，二如是下膝[四]已揔結，三以不能顯下重釋似[五]破所以，此即初也。謂於

校注

【一】「四」，唐本原脱，沈劍英釋補之，惜無注文，録之。參見三三九行和三五〇行。【二】「尔」，武邑尚邦、沈劍英皆釋「示」。【三】「示」，字形似「宗」。武邑尚邦、沈劍英皆釋「示」。【四】「膝」，同「牒」，武邑尚邦、沈劍英皆釋「修」。【五】「似」下，武邑尚邦釋多「能」。

宗不成因喻式三若是己上言不定攝闕一闕二等缺減之言若
宗無九句之言定攝之宗言若無四不生之能因不定攝
不生因言若無之以不定言律不定之因不定攝不定之因言若無回者
未因不定攝是故未因言若無十是之似若不定攝是之似若言也
論曰如是言說名似能破者　述曰此中似已攝能破得如是言之安所
言言名似能破也　論曰以不能顯他宗過失彼無過故者
述曰此是第釋似破所以也謂似名為似能破者以不能顯示他
宗之過失也故名似破也何以不能顯他宗過失彼無過故以宗
所破（餕）令彼宗不立之過也若因不定言等過者立之名彼無過故也
此論詳宗不定皆是已立者似破文本攝似破法釋論更有十四
過類求宗釋生似破彼論究竟立作明家家之十四過之類者法

三四九 宗等圓滿[一]或三相具足之中妄説闕一、闕二等缺減之言，於

三五〇 宗无九過之處妄説有過宗言，於无四不成成就因中妄説

三五一 不成因言，於无六不定決定因中妄説不定因言，於无四相

三五二 違因中妄説相違因言，於无十過喻中妄説有過喻言也。

三五三 《論》曰：如是言説名[二]似能破者。述曰：此即牃[三]已揔結也，謂如是妄顯

三五四 之言名似能破也。《論》曰：以不能顯他宗過失，彼无過故者。

三五五 述曰：此即重釋似破所以也，謂所以名爲似能破者，以不能顯示他

三五六 宗之中過失，故名似破也。何以不能顯他過失？彼无過故，所以不

三五七 顯假[四]，令彼宗中有過；而於因等妄言有過者，亦名彼无過故也。

三五八 此《論》餘義，並皆具足，唯有似破，文中揔略。若依餘論，更有十四

三五九 過類等義釋其似破，此《論》既无，亦須略分別之。十四過類者，依

校注

【一】「滿」上，唐本原有「八」，似多餘筆道，抑或書者想寫草字頭。【二】「名」，武邑尚邦漏釋。【三】「牃」，同「牒」，武邑尚邦、沈劍英皆釋「修」。【四】「假」，唐本原作「彼」，右側校改之。武邑尚邦漏釋。沈劍英釋「彼假」。

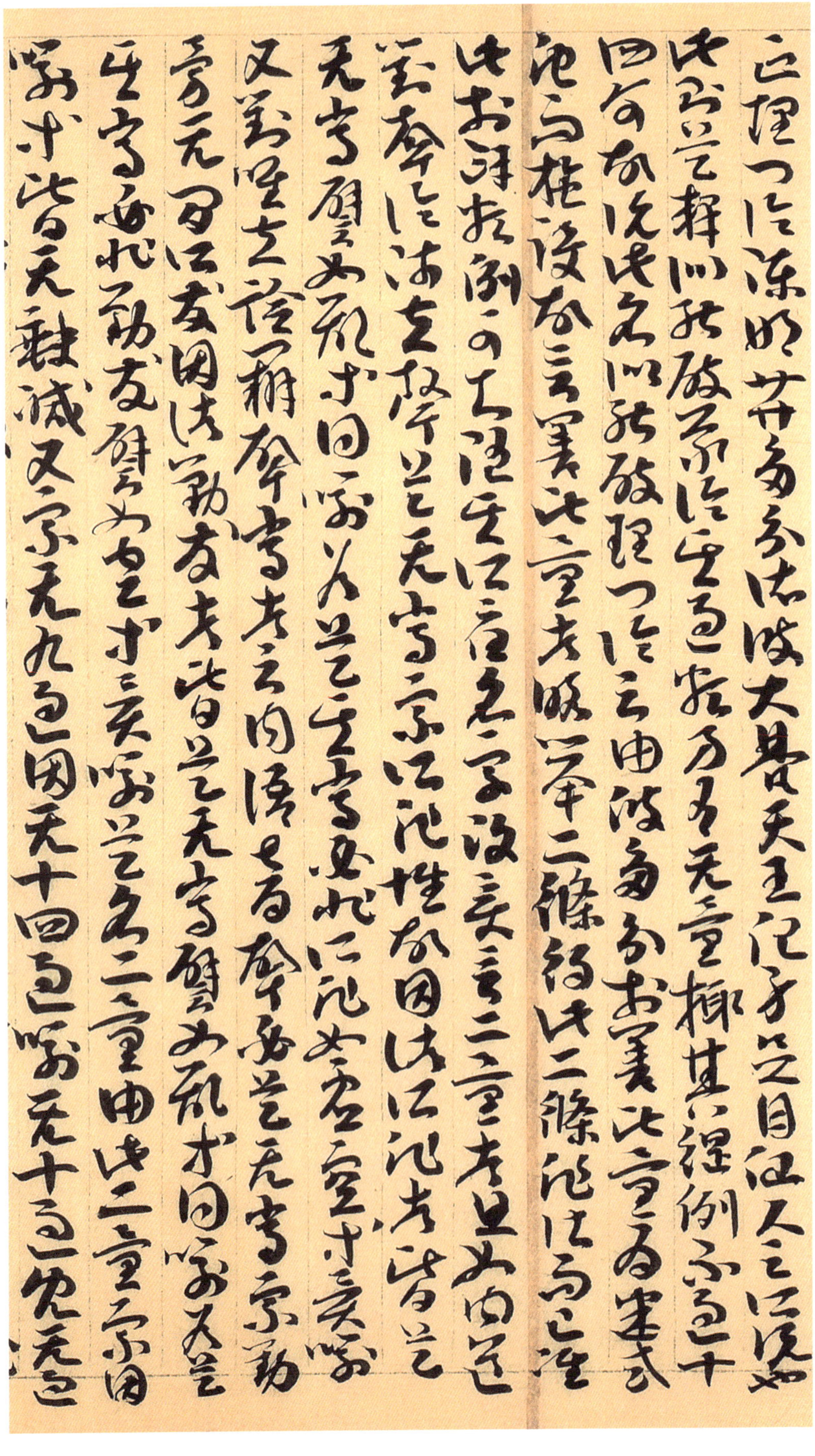

三六〇《正理門論》，陳那菩薩多分依彼大梵天王化身足目仙人之所說也，

三六一 此則[一]是釋似能破義。論其過類，乃有无量，抓[二]其經[三]例，不過十
三六二 四。何故説此名似能破？《理門論》云：由彼多分於善比量，爲迷或[四]
三六三 他而施設故。言善比量者，略舉二條[五]，約此二條作法而已。准[六]
三六四 此，於餘類例可知隨其所應名字改變[七]。言二量者，且如内道；
三六五 對聲論師立：聲是无常宗，所作性故因。諸所作者皆是
三六六 无常，譬如瓶等同喻；若是其常必非所作，如虚空等異喻。
三六七 又，對唯立詮辦聲常者云：内語音[八]聲必是无常宗，勤
三六八 勇无間所發因。諸勤發者皆是无常，譬如瓶等同喻；若是
三六九 其常必非勤發，譬如空[九]等異喻。是名二量。由此二量，宗、因、
三七〇 喻等皆无[一〇]缺减。又，宗无九過，因无十四過，喻无十過，既无過

校注

【一】「則」，武邑尚邦、沈劍英皆釋「即」。【二】「抓」，武邑尚邦、沈劍英皆釋「撮」。「抓」亦可釋「掫」。【三】「經」，武邑尚邦、沈劍英皆釋「綱」。字同。【四】「或」，武邑尚邦、沈劍英皆釋「惑」，古通假。【五】「條」，唐本左旁「亻」作「彳」。此形見居延、武威漢簡和漢碑《封龍山頌》。【六】「准」，沈劍英釋「準」。【七】「變」，沈劍英釋「異」。唐本「字改變」，武邑尚邦作「宗□異」，沈劍英釋「字改異」。【八】「語音」，武邑尚邦未釋。【九】「空」上，武邑尚邦釋多「虚」。【一〇】「无」，武邑尚邦釋「是」。

失名實義故立所破故作者雖卅三過失之外妄能立似過故識
謬正義等名似破故此法為過故答若妄細釋精詳於言一寧
正於因緣正上文至且於言過不先捺過故之名論寧能
似之難後迷正得所難此失於言十四者
一因法有似過故
觀有法能破無常所聲法能之無常過立有無常過故立
常所聲無常之立之常
正得立之聲似法能證無常之有法能此無常世以無常證聲
常宗若無常之住立之常
二之宗法有似過故
宗之中立是常無法能聲有法能之法無常之一因破立之無常

失，名善能立耶！敵論者離卅三過失之外，妄作相似過類誹謗正義，故名似破。此諸過類若委細解釋，稍涉煩言，舉其横[一]綱，録其大[二]意，且於一一過中先摽[三]過類之名，次舉相似之難，後述正解，顯難非真。言十四者：

一、同法相似過類。

瓶有所作故无常，顯聲所作亦无常；亦可空有无㝵[四]故是常，顯聲无㝵亦是常。

正解云：我以所作證无常，无有所作非无常；汝以无㝵證聲常，樂等无㝵應是常。

二、異法相似過類。

虚空是常无所作，聲有所作即无常；亦可瓶是无常

校注

【一】「横」，武邑尚邦釋「梗」。【二】「大」，武邑尚邦釋「文」。【三】「摽」，武邑尚邦、沈劍英皆釋「標」。「摽」「標」，古通假。【四】「㝵」，武邑尚邦釋「碍」，沈劍英釋「礙」，字同。後不再注。

又變為聲非無為虛空常
正解云一切常法皆非所作所作證無常無常不正皆變
為不所無為證聲常
三分不成過也故
聲是樣求因非聲而法無常是因聲之樣求不因聲云
合無常以例聲
正解云合聲聲樣求之義不許二常無常之一合聲性也聲係
不許聲常過
因無之義然以之義也 執求有三 初是古師 次是陳那 後是古師
初云聲聲之常以無常之例同之一以然異聲聲樣求
是無義 從初至於也 次至於也 皆是以共 不言 也

有質导，聲既无导應是常。正解云：一切常法皆非作，可顯所作證无常。无常不必皆質导，不顯无导證聲常。

三、分別相似過類。

聲若燒等同於瓶，可使无常亦同瓶；瓶之燒等不同聲，云何无常以例聲？正解云：聲、瓶燒等異，不許齊无常，亦可聲性与聲殊，不許夆[一]常住。

四、无異相似異類。於中有三：初是古師，次是陳那，後是古師。[二]初云，聲、瓶齊所作，无常亦例同；亦可所作貫聲、瓶，燒等應无異。從初過類至此過，皆是似共不定及相違決定過。

校注

【一】「夆」乃「舉」之俗字。武邑尚邦、沈劍英皆釋「齊」。【二】「於中有三：初是古師，次是陳那，後是古師」，係小字，或是補抄。

二云何説是無常一種聲等云兩法參生成宗因互不殊

此似不成立也

三云所説是無常所作性言以何證無常立之所

立故見遠何成所作能合應知所故見

此似相違立也

正辯兩難云　何説無常為所證法所兩一宗必參同不

以所求為因所云合所故求合無常矣

能成二難云　兩法難示成宗因一之言二立無下無宗

成因生成二立各所説言合不殊

能成三難云　所立無常是三何説一之所無常成

立故見不決云何説所能證故見

已之所成何以合也

於中立二

初云無常所成一動故說因一所證無成參證等動故

三九三 二云：所作与无常，一種非畢竟；兩法㚔[一]生戚，宗、因應不殊。
三九四 此似不成過也。三云，瓶上无常順所立，即以所作證无常；亦可瓶
三九五 之燒、見違所成，所作令聲有燒、見。此似相違過也。
三九六 正解初難云，所作、无常爲喻體，法、喻兩處必㚔[二]同，不
三九七 以瓶等爲同喻，云何燒等全无異？
三九八 解弟二難云，兩法雜取成宗因，可言二立无差異；宗
三九九 戚因生成二立，何得説言全不殊？
四〇〇 解弟三難云，成立无常具三相，所作可得顯无常；成
四〇一 立燒、見不决定，所作何能證燒、見？
四〇二 五、可得相似過類。於中有二：
四〇三 初云，雹等非勤發，餘因可得證其戚，聲雖是勤發，

校注

【一】「㚔」，武邑尚邦、沈劍英皆釋「齊」。【二】「㚔」，武邑尚邦、沈劍英皆釋「齊」。

有得用此所無常　此似不定過也

二云一切無常皆以非遍以生故如勤生之電等無常此

勤勇不遍以生不共因　此似不共因過也

正有兩解云　本以勤勇從無常不得勤勇此無常不

云無常必勤勇有如電等空等非因

相違解云　若是一切無常悉不遍以生不共因是

是本無常有如電等非勤勇

亦相違亦似過故　如第二

兩云　無常合生所成所成皆生宗法見不言二勤勇

生無常　此似不定過也

二云　勤勇合生所成所成皆生無因見相違有故

四〇四 何得用此顯无常？此似不定過也。
四〇五 二云，一切无常皆所作，遍所立故成能立。電等无常非
四〇六 勤發，不遍所立不成因。此似不成因過也。
四〇七 正解初難云，本以懃[一]發證无常，不得勤發非无常。不
四〇八 言无常必勤發，何妨電烕有餘因。
四〇九 解後難云，若立一切烕壞義，不遍所立不成因。唯
四一〇 立聲上有无常，何妨電等非勤發。
四一一 六、猶豫相似過類。於中有二：
四一二 初云，无常含生顯，或顯或是生。宗法既不定，勤發
四一三 成何義？此似不定過也。
四一四 二云，勤發含生顯，或顯或是生。其因既猶豫，何能

校注

【一】「懃」，武邑尚邦、沈劍英皆釋「勤」，字同。

證宗宗　此以不成為過也

立相前難云　勤發其於聲上有一切法皆是相違因生

所見許聲無常如瓶此因非不定

相違難云　生所不說非決定相違之過二種皆能因而生

此得所無常如瓶此非能緣

七宗違相似過者

聲是勤勇所發聲立是無常如電見非勤勇發空常住

是常非勤勇非勤勇不定又勤勇及非勤勇立常

不定故常　此似顛倒不定為過也

正難云　非勤勇無間無常二以一切法非勤勇不定常二勤發

不通常為無相云何不能定無常

證宗義？此似不成過也。正解初難云，勤發若於常亦有，可使說此是疑因。生、顯既許夅[一]无常，如何此因成不定？解後難云，生、顯不俱成減壞，可使二種是疑因。兩法皆得顯无常，如何說此成猶豫？

七、義准[二]相似過類。

聲是勤勇發，聲即是无常；電既非勤發，應當體是常。非勤翻於勤，非勤不定有；勤既反非勤，云何定無常。此似顛倒不定過也。

正解云，非勤通常无常品，可許非勤不定常。勤發不通常處轉，云何不許定无常？

校注

【一】「夅」，武邑尚邦釋「齊」，沈劍英釋「声」。【二】「准」，沈劍英釋「準」。

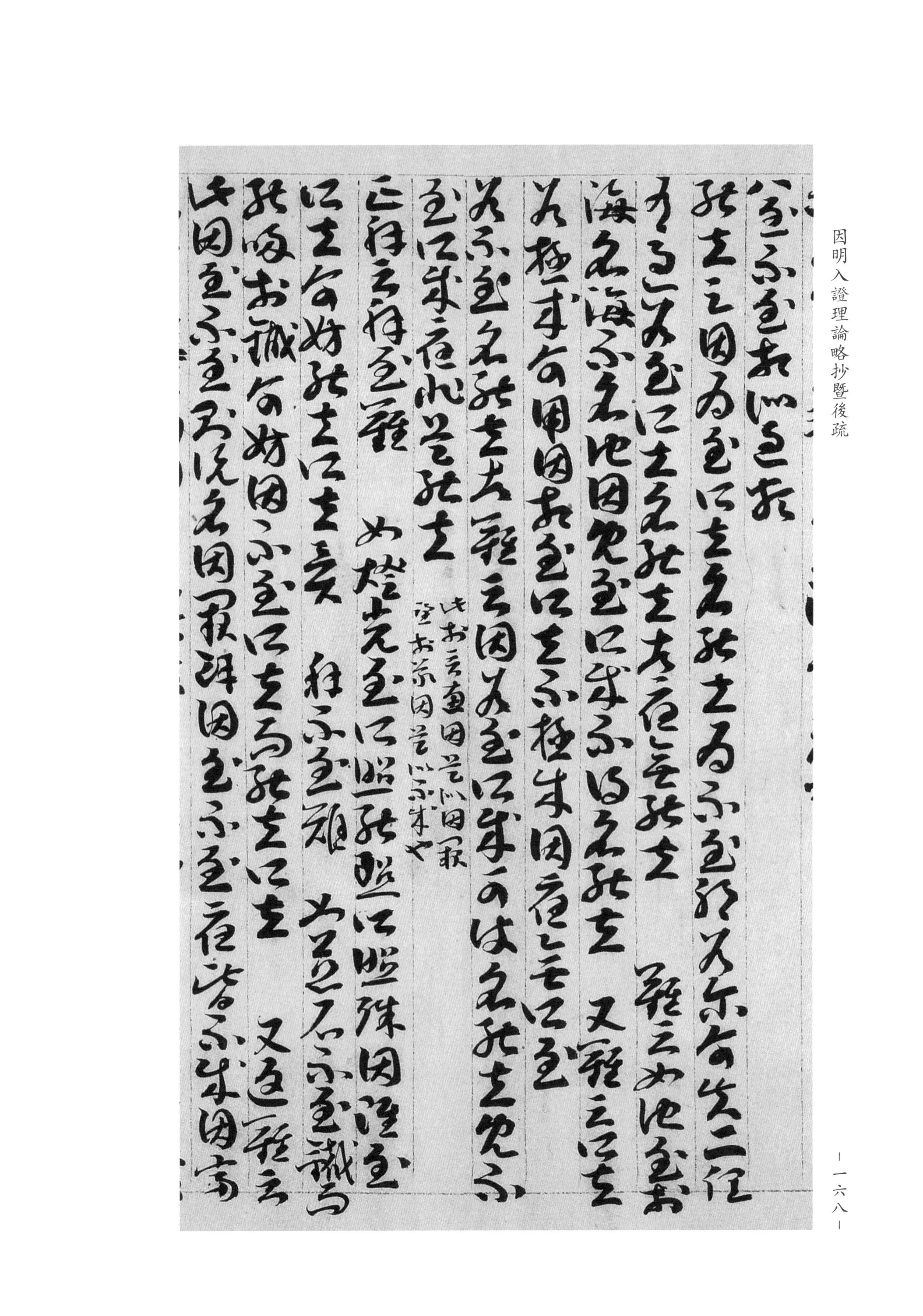

[illegible]

八、至不至相似過類。

能立之因爲至所立名能立，爲不至耶？若尔何失？二俱有過：若至所立名能立者，應無能立。難云，如池至於海，名海不名池，因既至所成，不得名能立。又難云，所立若極成，何用因相至？所立不極成，因應無所至。

若不至名能立者，難云，因若至所成，可使名能立，既不至所成，應非是能立。此於言惠[一]因，是似因闕；望於義因，是似不成也。

正解云，解至難，如燈光至所照，能照、所照殊。因雖至所立，何妨能立、所立異？解不至難，如慈[二]石不至鐡[三]，而能吸於鐡，何妨因不至所立，而能立所立？又，返難云，此因至不至，則[四]說名因闕；餘因至不至，應皆不成因。當

校注

【一】「惠」，沈劍英釋「遍」。【二】「慈」，沈劍英釋「磁」。【三】「鐡」，武邑尚邦、沈劍英皆釋「鐵」，字同。【四】「則」，武邑尚邦釋「即」。

者以菩薩一切因喻名能破　又此以言宣告自宗義者
此自立因本之文他失故又宣遮可言此破所立宗為違我
宗名為能破為不違許耶　若違所立宗名能破者
難云如他違於海不得名為他失違以破宗不得名能破
又難此詮所立宗者何以更為能破此既不得所立宗未此破宣
當無以者　若不違所立宗名能破者　難云若違所立宗能破
所立宗何得名能破今本不違於所立宗宣示不名能破今此以
云云自言云云已
凡無因喻以見之哉
能立之因為在無宗等名為因為在無宗得名為因為
立無宗得名之為因　若在無宗等名為因者

四三七 知即是謗一切，因何名能破？又汝所言應成自害[一]，以於

四三八 汝自立因中亦有此失故。又應返問言：汝破我義，爲至我

四三九 義名爲能破，爲不至耶[二]？若至我義名能破者，

四四〇 難云：如池至於海，不得名爲池；既至所破義，不得名能破。

四四一 又難：汝許我義立，何須更相破？汝既不許我義成，汝破應

四四二 當無所立。若不至我義名能破者，難云：若至我義破

四四三 我義，可使名能破；本來不至於我義，應不名能破，故汝所

四四四 言有自害過。

四四五 九、无因相似過類。

四四六 能立之因，爲在无常前名爲因，爲在无常後名爲因，爲

四四七 与无常俱名之爲因？若在无常前名爲因者，

校注

【一】「害」，唐本「宀」下作「吉」，或全字作「害」，乃「害」之俗字。【二】「耶」上，唐本原有「許」，當是「耶」之錯字，唐本右書三小點，刪之。武邑尚邦、沈劍英皆釋「許」，沈劍英加問號。

疏云如是無常宗勤勇之所作因無常宗與無生因違
不立　又如無常違名為因去　疏云無常宗不立而
從所立因宗宗與先此生因違合用　若是無常同
此名為因去　疏云如牛角同時等不得名果名等
果非生無常時不於合得名因名之因　此非三支因豈以因稱　望非宗因豈以不生也
正謂之宗非宗不從違因疏　已現為無現在果之法宗
非宗不從不生因為已現法等現在果合所發二宗非宗不從
生因　謂宗不從違因疏　理極非生說名因後法不得生
非果之說非所以得從合此宗不違得之因　又述疏云
以此之因等三疏云說是無因一切非因等三疏云諸不生

四四八 難云，若有无常義，對果可成因，无常義既无，其因應
四四九 不立。若在无常後名爲因者，難云：无常義不立，可
四五〇 須能立因？宗義既先成，其因復[一]何用？若与无常同
四五一 時名爲因者，難云：如牛兩角同時有，不得名果、名有
四五二 果；能立无常時不別[二]，何得名因、名有因？此於言遍[三]因是似因闕，望於義因是似
不成也。
四五三 正解解宗前、宗俱無因難，過、現若无現在果，可使宗
四五四 前、宗俱不成因；過、現許有現在果，何廢宗前、宗俱得[四]
四五五 有因？解宗後無因難，唯據相生説名因，後法不得生
四五六 前果，亦説相顯以明證，何妨宗後得有因？又，返難云：
四五七 所作之因有三難，即説是无因；一切餘因有三難，應皆不成

校注

【一】「復」，唐本原字似「後」，武邑尚邦、沈劍英皆釋「復」，從之。【二】「別」，沈劍英釋「到」。【三】「遍」，唐本原字似「惠」，沈劍英釋「遍」，從之。【四】「得」，武邑尚邦釋「復」。

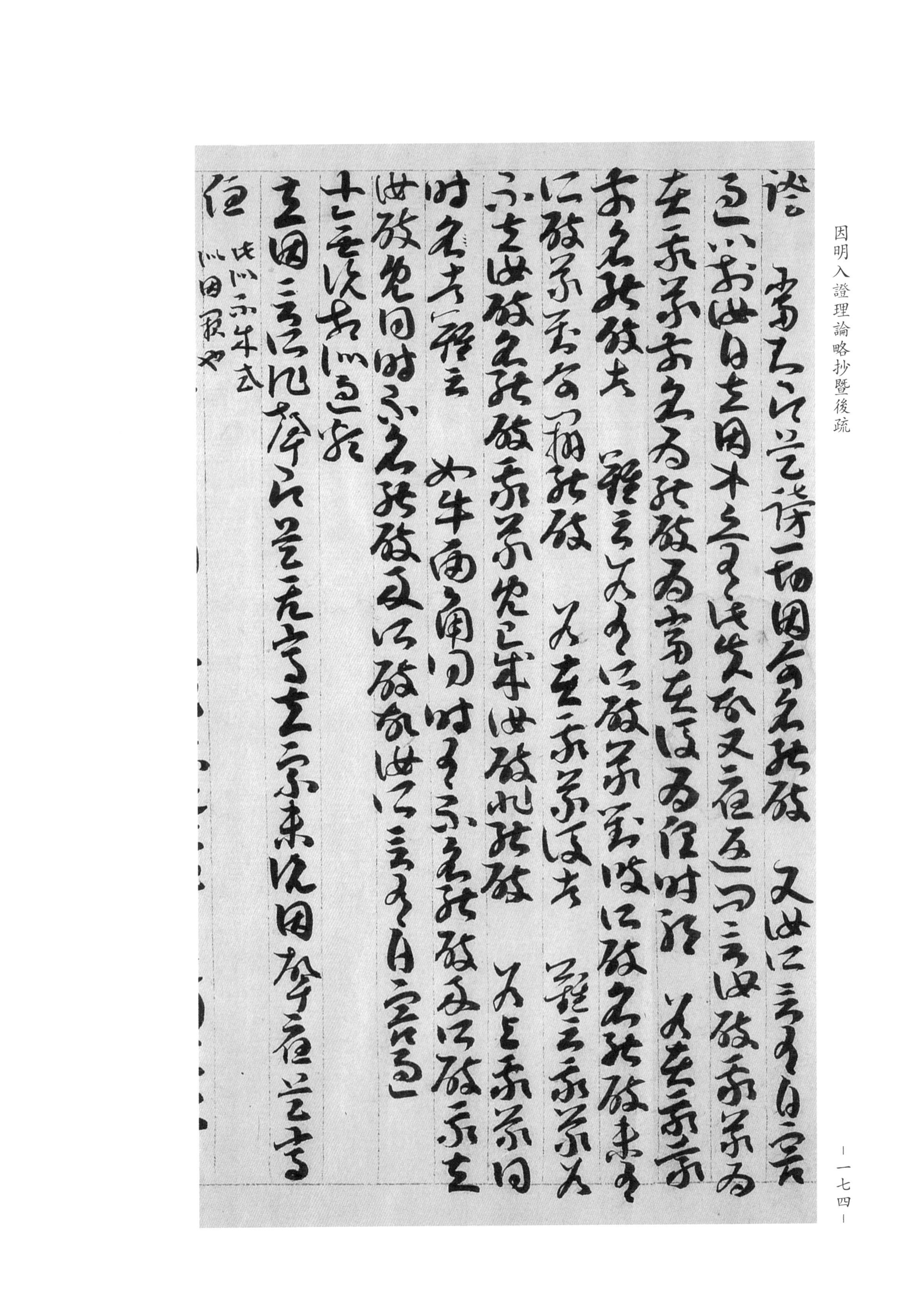

四五八 證。當知即是謗一切，因何名能破？又，汝所言有自害
四五九 過，以於汝自立因中亦有此失故。又應返問言：汝破我義，爲
四六〇 在我義前名爲能破，爲當在後、爲俱時耶？若在我義[一]
四六一 前名能破者，難云：若有所破義，對彼所破名能破；未有
四六二 所破義，對何辨能破？若在我義後者，難云：我義若
四六三 不立，汝破名能破；我義既已成，汝破非能破。若与我義同
四六四 時[二]者，難云：如牛兩角同時有，不名能破及所破；我立、
四六五 汝破既同時，不名能破及所破。故汝所言有自害過。
四六六 十、無說相似過類。
四六七 立因言所作，聲即是无常；立宗未說因，聲應是常
四六八 住。此似不成或似因闕也。

校注

【一】「義」，唐本寫法上兩點作一撇，小訛。【二】「時」下，唐本原有「名」，右旁點四小點，乃古之删除號。武邑尚邦、沈劍英皆釋「名」。

以明釋文
正解云　唯生言因名他起未從他起有無因生宗亦云
時有宗因合得言奪無常過
十一無生者以為過
已生之聲是勤勇之所以是無常未生之聲非勤勇在
當是過常住　此以不生為之以不當過宗不避爲於
正解不生無難云　以其已生未生宗不當過未來
生不生因唯得已生生無常合得言因不生就
解不當過難　因此過是正因未生無因之常住因此
不通之正因合此來此過無常
十二常住者以為過
能之此作者聲能之過無常聲之此作不同能合得

四六九 正解云：唯立言因名所作，未説所作可无因；立宗之

四七〇 時有義因，何得言聲是常住？

四七一 十一、无生相似過類。

四七二 已生之聲有勤發，可使是无常；未生之聲非勤發，應

四七三 當是常住。此似不成過，亦似不定，義准分故。

四七四 正解不成難云：若於已生、未生立宗義，不遍未

四七五 生不成因。唯約已生立无常，何得言因不成就？

四七六 解不定難，同品遍有是正因，未生无因可常住；同品

四七七 不遍亦正因，何妨未起是无常？

四七八 十二、所作相似過類。

四七九 瓶之所作異於聲，瓶可是无常；聲之所作不同瓶，何得

校注

是無常　此以瓶以比於聲之無是已以不共聲比於瓶無是以表遠者　於常之無是以不共為於聲之無是以能立不共者也

正釋云　若以於宗立此量云法與故能所作但亦通法共

立宗常立比離正於生　又通一離云

於聲此因是能立不法此因證無常於聲所因者此離不法

所因所不離

十二生為已成以為已成

於聲是立無常諸因才名所之喻離之立喻成無因所

不共　此以於本仁之不共來也

正釋云　於聲之無常不共諸因才極於共離之喻成

兩俱共今此二種因所

四八〇 是无常？此以瓶所作於聲上无，是似不成。聲所作於瓶无，是似相違。若於常亦无，是似不共。若於喻上无，是似能立不成過也。

四八一 正解云：若以別義立比量，可使汝破成能破；但取揔法成

四八二 立義，當知汝難即非真。又返難云：

四八三 分別此因有此過，不許此因證无常；分別餘因有此難，不許

四八四 餘因顯宗義。

四八五 十三、生過相似過類。

四八六 聲上有无常，待因方乃顯。亦應瓶上有烕壞，无因義

四八七 不成。此似喻中所立不成過。

四八八 正解云：聲上无常不共許，待因方極成。瓶上烕壞

四八九 兩俱成，何須藉[一]因顯？

校注

【一】「藉」，《後疏》中出現十一次，沈劍英釋文自始至終皆作「藉」。楊金萍、蕭平譯文，前十個字作「藉」，唯四八九行作「籍」，以文義度之，亦當是「藉」。余之釋文斟酌以上兩家之文，頗受其惠，志之謝之。

十四常住相似過類者
生義遮若聲立聲無常恒無常合有二種常是常
住（此似常不常比是相違過）
正釋云　按聲於常立無常性所生生滅不滅恒
生滅無常合云常合云是常
正為此論元文略舉三處相生義因了理過此論所明
似能破論也未攝是此攝正釋所文本之一常論
論曰是正似等者　述曰就此攝攝於攝於本三相如是攝
攝法於兩常者所攝攝攝用二此本常不大云此攝正攝此
三是正似等者云是攝三攝攝所略也謂攝此三攝攝所此論
略也

十四、常住相似過類。

生、咸遷於聲，即立聲无常。恒与无常合，應當是常住。此似宗中比量相違過。

正解云：據聲起、盡立无常，唯顯其生、咸。不説體恒生咸合，云何言是常？

良爲此論，无文略弁麁[一]相，其委細具在《理門》。此即略明似能破訖。上來揔是依摽[二]正解，釋頌文中[三]八門義訖。

《論》曰：且止斯事者。述曰：就依摽別解分中有三：初、如是揔攝諸論要義者，顯摽勝用；二、此中宗等下即依摽正解；此云且止斯事者，即是弟三抑解顯略也，謂抑[四]其廣解，顯此《論》略也。

校注

【一】「弁麁」，武邑尚邦釋「弁麤」，沈劍英釋「辨粗」。「弁」，通「辨」；「麤」「麁」「粗」，字同。【二】「摽」，武邑尚邦釋「據」。【三】「中」，武邑尚邦釋「第」。【四】「抑」，武邑尚邦、沈劍英皆釋「抑」。

論曰已宣少分為略　為始立方隅　其間理非理　妙辯於餘處
述曰此一頌結文有三分初一句結名標理要分二如是二
段以名法標於能立三段一句結名結顯示處分得上來已宣
少分為始立方隅之言且為始立之法已說方隅為已此句
然此論顯示於世間正理非理此論之正理非理詳論之非理
式釋盡求正理釋例盡求非理妙辯頌正文在餘處
理之求本此論示詳論處也

因明入正理論後疏卷

五〇一 《論》曰：已宣少句義，爲始立方隅。其間理非理，妙辨[一]於餘處。

五〇二 述曰：此一部《論》，文有三分：初一行頌名摠標經要分；二、如是下

五〇三 長行名依標别解分；三、此一行頌名結略示廣分。謂上來已宣

五〇四 八門、兩悟少分之義，且爲始孝[二]之徒令[三]識方隅而已，此即

五〇五 結此論略也。於其中間所有，顯此論之正理，斥[四]餘論之非理，

五〇六 或解真立等正理，釋似立等非理，妙辨説處[五]在餘《集量》、

五〇七 《理門》等中，此即示餘論廣也。

五〇九 因明入正理論後疏弓[六]

校注

【一】「辨」，沈劍英釋「辯」，此前「辨」出現五次，沈劍英均釋「辨」，唯五〇一、五〇六行釋「辯」。「辨」「辯」，古多通用。【二】「孝」，武邑尚邦、沈劍英皆釋「學」，字同。【三】「令」，武邑尚邦釋「今」。【四】「斥」，唐本原行之字塗改不清，右旁注一小字。【五】「處」，武邑尚邦釋「更」。【六】「弓」，武邑尚邦、沈劍英皆未釋。《漢語大字典》：弓，同「卷」。

敦煌因明入正理論略抄暨後疏寫卷簡述

一、前言

趙樸初先生在徐玉成著《宗教政策法律知識答問》序言中説：佛教提倡「廣學多聞」，菩薩行者要學習「五明」，一是聲明（音韻學和語文學）；二是工巧明（一切工藝、技術、算學、曆數等）；三是醫方明（醫藥學）；四是因明（邏輯學）；五是内明（佛學）。〔一〕因明學在佛教知識系統中占有重要地位。

本書彩印唐浄眼著因明學寫卷由兩部分組成。一是《因明入正理論略抄》，以下簡稱《略抄》，卷首殘，現存文字四百四十六行，有尾題。二是《因明入正理論後疏》，以下簡稱《後疏》，全卷全，卷題下書「慈門寺沙門浄眼續撰」，存五〇八行，尾題「因明入正理論後疏弖」。《略抄》和《後疏》合計共存文字九百五十四行，二萬〇七百餘字。

浄眼《略抄》和《後疏》寫卷，原藏敦煌藏經洞，現藏巴黎法國國家圖書館，編號伯二〇六三，「幅寬約二十九釐米，全長約一千三百九十六點四釐米」〔二〕。此次高清彩印，是首次在國内公開發行。

〔一〕徐玉成：《宗教政策法律知識答問》，中國社會科學出版社，一九九七，序言第二頁。
〔二〕〔日〕武邑尚邦：《因明學的起源與發展》，楊金萍、蕭平譯，中華書局，二〇〇八，第二一七頁。

二、《略抄》《後疏》卷淺談

（一）《略抄》卷首所缺行數推斷

由於彩色影本清晰真着，寫卷紙與紙之粘縫痕迹一目瞭然。統計如左：

《略抄》存紙十七張。卷首殘損，第一紙存字二十四行，每行存字二十三個上下。第二至十六紙，每紙存字二十八行。第十七紙爲卷末，存字二行。

《後疏》首尾完整，用紙十九張。第一紙首行用於粘連裱糊前紙而未寫字，因此存字二十七行。第二至十八紙，每紙存字二十八行。第十九紙存字五行。

依此推斷，《略抄》首張紙存字有兩種情況。第一種情況，首行當爲標題「因明入正理論略抄」及浄眼題款，以下係抄寫内容二十七行。鑒於《略抄》第一紙現存二十四行，那麼正文祇缺二行。第二種情況，無卷題，滿紙二十八行，那麼正文則應缺三行。

或問：《略抄》殘卷第一紙前，還有存字之紙否？此問余不能答。乃引日本學者武邑尚邦之文以答之：

「雖然《略抄》缺少開頭部分令人感到遺憾，但是從内容上看，缺失的部分主要是論的題目，所以與慈恩、

文軌的疏相比，並没有很大的損失。」〔一〕

（二）釋校敦煌草書寫卷緣起

余喜書法，志學之年參加工作，乃量己之收入，力購各種字帖。然所見唐代法書，多是楷書和數量有限的草書，而敦煌之行草書墨迹甚爲稀見，其間祇在一九九二年購得林其錟、陈鳳金《敦煌遺書文心雕龍殘卷集校》，其黑白影本不但字小，且四十四頁全有污染模糊之痕，不堪臨摹使用。直至二〇二〇年，購得鄭汝中先生編《敦煌寫卷行草書法集》，中收北魏、隋、唐行草墨迹二十八件，其中既有《略抄》和《後疏》全卷，還有四百五十九行《文心雕龍》殘卷，字近原大，清晰怡人。拜讀全書，令人驚嘆，令人振奮，贊爲妙迹，乃擇尤愛之卷而臨之。

積余在老年大學多年講草書課之閱歷，自覺敦煌草書寫卷應無難字可曉。然在臨寫中，却發現唐代寫卷中許多草書字未收入傳世的草書字典，頗難識認。舉例如後：

卄（菩薩）、卌（涅槃）、（戒）、（義）、（那）、（脎）、囝（月）、奀（涅槃）、（寶）、、惚（惱）、逺（違）。

至此，余感到敦煌草書寫卷是一個新的課題，非同一般，大有學問可做。需要我們這代認識草書字，又

〔一〕〔日〕武邑尚邦：《因明學的起源與發展》，第二一七—二一八頁。

經歷了漢字簡化過程的老年人，發揮餘熱，努力耕耘，爲子孫後代打下堅實的基礎，這是我們這一代人不能推卸的歷史責任。

爲此，余臨讀敦煌草書寫卷，閱看相關書籍，終於在二〇一五年自費出版《唐淨眼因明論草書釋校》〔一〕。該書以自書硬筆小楷釋文與寫卷逐行逐字對照，後附與家人手工刻粘而成的文字編。在此基礎上又釋校出四百六十二行的《文心雕龍》殘卷並做了文字編。至今，余已陸續釋校出十餘件敦煌草書寫卷，踐行了自己的初願。

（三）因明始於古印度

余本不諳內典，更不解因明。然在釋校敦煌佛學草書寫卷的過程中，深感要想準確釋校這些珍貴寫卷，衹精通傳統草書是遠遠不够的，還必須瞭解相關的佛學知識。

之後，在購書的過程中，余開始留意購求佛學書籍。陸續購得十餘册中華書局出版，釋妙靈主編「真如·因明學叢書」。擇要讀之，收穫良多，始對因明粗有所知。

因明，肇始於古印度。……至唐朝大翻譯家玄奘大師遊學印度十七年歸來，把因明作爲一門學科，在我

〔一〕 吕義編著《唐淨眼因明論草書釋校》，中國商業出版社，二〇一五。

國翻譯、講學、傳播，引起當時思想界、學術界的重視，不分緇素，競相研習，注疏。繼而，在公元七世紀許，吐蕃的第三十二代贊普松贊幹布……創制了藏文。……因明學也逐漸由歷代翻譯家介紹過來。這樣，漢傳因明和藏傳因明就共同確立了中國是因明學第二故鄉的地位。〔二〕

但是藏傳因明後來居上，其翻譯數量之多，注釋之完備，講傳著述之盛，實用性之强，傳承時間之長，都超越了漢地。〔三〕

（四）玄奘譯傳因明學

玄奘（六〇〇—六六四），俗姓陳，名禕，洛州緱氏（今河南偃師緱氏鎮）人。貞觀三年（六二九），孤身一人踏上西行求法的漫漫征途，至貞觀十九年（六四五）正月二十四日，〔三〕回到長安。玄奘「帶回經論六百五十七部，其中因明三十六部。……先後於弘福寺、大慈恩寺、玉華宮譯經」。〔四〕

〔一〕楊化群著譯《藏傳因明學》，中華書局，二〇〇九，第三—四頁。
〔二〕鄭偉宏：《漢傳佛教因明研究》，中華書局，二〇〇七，第一頁。
〔三〕馬明博：《玄奘》，中華書局，二〇一九，導讀第一頁。
〔四〕鄭偉宏：《漢傳佛教因明研究》，第八六—八七頁。

對中國佛門中人來説，古因明是陌生的學問，對陳那新因明更是一無所知。玄奘把新因明這門新鮮學問輸入漢地，激發了譯場中人的濃厚興趣。奘師隨譯隨講，聽者「記之汗簡，書之大帶」，「競造文疏」。〔一〕玄奘於公元六四七年譯商羯羅主（陳那的弟子）的《因明入正理論》（簡稱《入論》，亦稱《小論》），又於六四九年譯陳那（約四四〇—五二〇，古印度大乘佛教瑜伽行派論師。唯識今學的主要代表，佛教新因明學的創始人）的《因明正理門論》（簡稱《理門論》，亦稱《大論》）。其弟子多人撰有論疏，今僅存窺基的《因明入正理論疏》（亦稱《大疏》）及文軌的《因明入正理論疏》（亦稱《莊嚴疏》）等。窺基弟子慧沼及慧沼門人亦撰有多種因明著作。〔二〕

余查武邑尚邦著《因明學的起源與發展》之附録「中國·日本的因明學者及著作一覽」，收録唐代僧俗作者四十一人，其中有七人之著作現存：一是慧沼；二是元曉；三是基（窺基）；四是浄眼；五是神泰；六是智周；七是文軌。〔三〕

〔一〕鄭偉宏：《漢傳佛教因明研究》，第八八頁。
〔二〕任繼愈主編《佛教大辭典》，鳳凰出版社，二〇一一，第五一一頁。
〔三〕〔日〕武邑尚邦：《因明學的起源與發展》，第三一一、三一二、三一四、三一五頁。

唐代玄奘師徒在因明研究領域達到了世界領先水平。……這一輝煌歷史衹有短短幾十年時間。宋明以後，再度沉寂。……從明末到清代中期，二百多年間，漢傳因明成爲絶學。〔一〕

（五）浄眼其人其書

浄眼，生卒年不詳，唐代慈門寺沙門。據傳，其所撰因明學書目有三種：《因明理論疏》三卷，《因明入正理論別義抄》一卷，《因明入正理論疏》一卷。〔二〕「以上梳理了歷來認爲是浄眼所撰並在目録中有過記載的著作，但是這些著作現今均已不復存在。」〔三〕自敦煌藏經洞發現《略抄》《後疏》後，專家對此卷是否爲浄眼所撰進行考證，確定是浄眼所撰。現引鄭偉宏文如後：

武邑尚邦教授提出了有力的證據。他將中日注釋著作中所引用的浄眼的解釋與《略抄》相印證，認爲大

〔一〕鄭偉宏：《漢傳佛教因明研究》，第二九二頁。
〔二〕〔日〕武邑尚邦：《因明學的起源與發展》，第三一二頁。
〔三〕〔日〕武邑尚邦：《因明學的起源與發展》，第二九頁。

體一致。他指出，善珠的《因明論疏明燈抄》中引用淨眼的解釋有八次，其中直接引述有五次。這些引述又被晚出的藏俊的《因明大疏抄》全部轉録。據此，武邑尚邦教授確認，《略抄》應確定爲淨眼作品。

這一觀點是完全可信的。《略抄》與《後疏》雖然從内容上看注疏的方式不大相同，但是前後相續，毫無重複，連成一體恰好是對《入論》全書的較爲完整的解釋，二書應當判定爲淨眼疏解《入論》的姐妹篇。〔一〕

（六）《略抄》《後疏》書寫時段考

現存《略抄》《後疏》寫於何時無有記載，鄭偉宏先生對此卷推斷如左：

淨眼的這兩種疏抄完成於《莊嚴疏》之後和《大疏》問世之前。從《後疏》在解釋唯識的四分學説時轉述了《成唯識論》中引述的《集量論》頌文來看，《後疏》的完成當在玄奘糅譯《成唯識論》之後。公元六五九年爲唐高宗顯慶四年。該年從閏十月起到十二月，陸續譯成《成唯識論》十卷。可以肯定，《後疏》的寫作不早於公元六六〇年。〔二〕

〔一〕鄭偉宏：《漢傳佛教因明研究》，第一二八頁。
〔二〕鄭偉宏：《漢傳佛教因明研究》，第一二八頁。

另外，沈劍英先生《敦煌因明文獻研究》稱「此寫卷産生的年代當與淨眼撰成《略抄》與《後疏》的年代相去不遠，即初唐時期。……至遲當不會晚於盛唐」。[一]

讀二先生之文，知彼此有一共識，即敦煌藏《略抄》與《後疏》均抄自淨眼之原文。原文成書時段有二說：鄭偉宏言不早於六六〇年；沈劍英言初唐，又云不晚於盛唐。

余觀《略抄》二二一行有三個「囝」字，武邑尚邦和沈劍英皆釋爲「月」。此字乃武則天下詔所造字，始用於六八九年十二月，至六九八年十二月廢之，而用「𠥱」[二]。據此推斷，《略抄》《後疏》寫卷當書於此九年間。

（七）《略抄》《後疏》是淨眼書否

對於傳世寫卷，人們都會問書卷者是誰。在前已述：專家認爲《略抄》《後疏》是抄件，似已否定淨眼所書。然余經過和傳世唐代著名草書寫卷比照，認爲《略抄》《後疏》當爲淨眼所書。

一則與唐懷素《小草千字文》比照。

〔一〕沈劍英：《敦煌因明文獻研究》，上海古籍出版社，二〇〇八，第二二一頁。

〔二〕《集韻·月韻》：「月，唐武后作囝。」查《大周故唐夫人墓誌銘并序》（點校本中另題《唐夫人小姑志》），「月」作「卍」。又趙海明著《碑帖鑒藏》（天津古籍出版社，二〇一〇）上卷第一六〇頁表載，「卍」始自載初元年正月（六八九年十二月）；後在聖曆元年正月（六九八年十二月）廢「卍」用「𠥱」。

唐代狂草高僧懷素於公元七九九年書《小草千字文》（又稱綠天庵千字文），卷首題「沙門懷素字藏真書」。《後疏》卷首題「慈門寺沙門浄眼續撰」。二者格式基本相同，唯懷素作「書」，浄眼作「撰」。余以爲「撰」比「書」更多一層含義，即「撰」不但是作者自書，而且還告訴讀者，此文亦是作者自撰。二則與唐孫過庭《書譜》比照。

古今中外書家及學界一致認爲草書巨卷《書譜》確爲唐代草書大家孫過庭撰寫。《書譜》寫於公元六八七年，正與浄眼同時。卷首題「吴郡孫過庭撰」。彼此格式寫法相同，由此可以認定《後疏》爲浄眼所書。此外，《略抄》與《後疏》之字，筆法與結字完全相同。因此，《略抄》《後疏》當是浄眼所書。

（八）高清彩印本的功績

五年前，余自費出版《唐浄眼因明論草書釋校》時，手頭衹有寫卷黑白影印本。是以對於一些朱筆塗改之字，每每難以確定，乃至存疑。就中令我不能忘懷的一個字出現兩次，即《略抄》一一二行和一一三行的所謂「灶」字，此字武邑尚邦釋「灶」，沈劍英釋「竈」，彼此字同。然觀其字形，怎麽也弄不明白其草書構型之法。帶着困惑，依照二位教授之釋文而釋「竈」。後來我與老伴做文字編時，在穴部下，將複印寫卷之（竈灶）字貼出，並寫下：「竈之草書如上，余初不能識，後見〔日〕武邑尚邦釋爲『灶』，乃從之。此後又見沈釋作『竈』，仍存疑惑。查手頭之書法字典，未見此種寫法。後校敦煌唐本《文心雕龍·銘箴第十一》，竈草書寫法爲「」，若去其宀，或可近之，然未能定也。」

幸有此次高清彩版《略抄》《後疏》，朱筆墨筆字迹分明，終於認出原釋「竈」字之真形，寫卷先是墨筆作「色」或「气」，後由朱筆改寫成，至此乃確定此二字均爲「与」。附見文字編之「與与」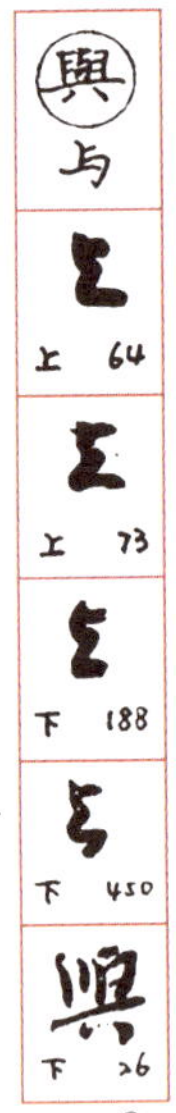

。〔一〕

如此一來，武邑尚邦和沈劍英之釋文：「灶烟相應」和「竈火相應」，皆應將「灶」（竈）改爲「与」，一字之改，改變了原句之文義。得改此錯，深感古代學者闕疑精神之重要。當然彩印寫卷之功，絶不可没。依此，余認爲要傳承敦煌寫卷藝術，日後出版敦煌寫卷時，一定要印彩色高清本。

三、《略抄》《後疏》書法初探

（一）禪林草書，統一有序

鄭汝中編《敦煌寫卷行草書法集》言：「本卷（指浄眼《略抄》《後疏》）爲書學史上罕見之草書形態，

〔一〕吕義編著《唐浄眼因明論草書釋校·文字編》，第六頁。

草法定型圓熟，與二王流派之今草，張旭、懷素之狂草都不盡相同，其規則性、筆法、風格等尚待進一步研究探討。」〔一〕

《略抄》《後疏》寫卷中許多草書字確實異於二王之帖。如：「菩薩」作「卄」；「涅槃」作「卌」；「別」與章草之「列」寫法相同，而卷中之「列」一律寫成行書，規矩嚴謹，絕不混雜。

以上字例，在敦煌藏佛經草書寫卷中，屢見不鮮。由此可知，佛門草書經卷之字法，必有統一的規矩。不然，衆僧草法何以能如此一致，而不悖亂。因此，余稱之爲禪林草書。

由於寫卷藏於洞窟中，一閉千年，後人不見其書，遑談繼承。設有一些寫卷傳世，由於朝代鼎革、兵火戰亂、人爲損壞等因素，存世者寥寥。兼之收藏者秘不示人，久之，唐代佛門草書被人們所遺忘。所以，當今天我們看到這些古老的草書時，會產生罕見之感。

（二）章今相融，熟練精能

沈劍英著《敦煌因明文獻研究》言《略抄》《後疏》「字間不連綿，與章草的風格接近，然而又與章草不甚相同，即書寫時已不分波磔……後來章草逐漸向今草靠近，便有了寫卷中今、章相融的草書風格」〔二〕。

〔一〕鄭汝中編《敦煌寫卷行草書法集》，甘肅人民美術出版社，二〇〇〇，第一五五頁。

〔二〕沈劍英：《敦煌因明文獻研究》，第二二頁。

此卷草書結字，乍看與章草名帖《出師頌》如出一手。細校之，與《出師頌》中的「我、人、天、文」相比，波磔已明顯弱化，甚至以轉折爲之，成爲今草之筆。

通覽此卷，字字精熟，二萬餘字，一氣呵成，極少有錯，雖字形每似，却毫不做作，或以草書，或以行書，或以異寫，勁潤流暢。行距緊湊，時有欹側變化而法度嚴謹，絶不呆板凝滯。可謂從心所欲而不逾矩。這個矩是以章草爲底綫的。

在今草盛行的唐朝，爲何以此爲矩呢？余以爲，一則是寺廟書法傳承，二則沙門寫經爲弘揚佛法，若以連綿草書寫之，既難識認，又易出錯。以余所見《法華經玄贊》、《大乘起信論略述》和《恪法師第一抄》等草書寫卷而言，率皆如此，形成了當時草書寫經，章、今相融的時尚。

（三）古質雄渾，巔峰之作

此卷無意求妍，不事雕琢，用筆老到，高古質樸，雄渾有力，如老羆當路，氣勢攝人。與傳世名帖《書譜》相比，此卷古質，而《書譜》可謂今妍。

書寫者專心静志之情，不慕榮利之態，躍然紙上。功底深厚，神完氣足，千載之後觀之，亦感其氣息動人。縱觀羲獻，皆少鴻篇巨制；細品顛素，終鮮静氣凝神。即將此卷放諸傳世唐賢寫卷之中，亦足頡頏，而毫不相讓，堪稱唐人草書寫卷中的巔峰之作。

昔人學章草，所見墨迹帖有兩種，一是陸機《平復帖》，八十四字；二是隋賢《出師頌》，一百九十七字。二帖合計二百八十一字。大部頭拓本章草帖也有兩種，一是松江本《急就章》，正文一千九百五十三字（中有殘缺）；二是晉索靖《月儀帖》，約一千一百三十字。二帖合計三千〇八十三字。此外，散見於閣帖中各家章草書約千字。總上三項，共計四千餘字，衹占《略抄》《後疏》五分之一。因此，此卷足稱鴻篇巨制。若用心習之，可上接漢簡，下通隋唐，補章草之缺，得今草之筆。拓大臨出，更覺圓潤充盈，遒勁脱俗。相信隨着時間的延伸，受衆的增加，此卷必將成爲廣大書法愛好者學習草書的必選之帖。

爲此余題詩一首以記浄眼：

唐代慈門寺，曾居浄眼僧。草書承急就，佛學論因明。
文軌略抄出，後疏親續成。敦煌傳妙迹，牽動古今情。

結語

釋校敦煌草書寫卷，除草書、俗字要認真分辨外，異體字亦是必須認真對待的問題，如卷中「无無」，「違遠」，「舉夆」，「抑抑」，「勤懃」，「第弟」，「佛仏」之分；還有電腦字庫與寫卷用字之異，如「凡凡」，

「恙悉」，「惚惱」，「害害」之别。要忠實於原卷字形，既要依原字字符釋出，又要尋找圖片而爲之。此外，對讀者仍可能疑惑之字，則拆解部首用文字注之。又如「舉」之草書，漢代敦煌簡作「」，中間撇捺明顯，屬東漢趙壹《非草書》所稱之隸草。東漢張芝《秋凉平善帖》作「」，三國吳皇象《急就章》作「」，西晉陸機《平復帖》作「」，中間撇捺下沉爲左右兩點，屬古所稱章草。東晉王羲之《服食帖》作「」，隋智永《真草千字文》作「」，屬古所稱今草。但章草、真草「⿱乙木」上部之「乙」，勾不上揚，形皆似「工」。直至數年前，余編成《文心雕龍文字編》，共收敦煌寫卷中九個「⿱乙木」，皆勾上揚，與《至寶齋草訣歌》「⿱乙木身爲乙木」相合。昔余釋敦煌寫卷，遇此皆作「舉」。復查黄征《敦煌俗字典》（第二版），「舉」字頭下收「⿱乙木」，舉例伯二一三三《金剛般若波羅蜜經講經文》。遂於此卷釋「⿱乙木」，請方家正之。

看似小小的釋字之役，亦可謂「成如容易却艱辛」。

這些異寫之字，在覆校中最費功夫，凡余之釋文皆請王柳霏老師校之，受益良多，附以致謝。

釋校敦煌草書寫卷的工作，方興未艾，任重而道遠。如何規範釋校文字，如何充實完善電腦字庫，如何培養文字編輯人才，如何將敦煌寫卷化身萬億，使之「飛入尋常百姓家」。這些都在呼喚着我們，讓我們共勉，早日圓滿地完成這一光榮的歷史使命。

由於水平有限，錯誤必多，敬請方家批評指正。

圖書在版編目(CIP)數據

因明入證理論略抄暨後疏 / 吕義, 吕洞達編著. --
北京：社會科學文獻出版社，2021. 11
（敦煌草書寫本識粹 / 馬德, 吕義主編）
ISBN 978-7-5201-9004-6

Ⅰ. ①因… Ⅱ. ①吕… ②吕… Ⅲ. ①因明(印度邏輯
)－研究 Ⅳ. ①B81-093.51

中國版本圖書館CIP數據核字（2021）第185548號

·敦煌草書寫本識粹·
因明入證理論略抄暨後疏

主　　編 / 馬　德　吕　義
編　　著 / 吕　義　吕洞達

出 版 人 / 王利民
責任編輯 / 胡百濤
責任印製 / 王京美

出　　版 / 社會科學文獻出版社・人文分社（010）59367215
地址：北京市北三環中路甲29號院華龍大厦　郵編：100029
網址：www.ssap.com.cn
发　　行 / 市場營銷中心（010）59367081　59367083
印　　裝 / 北京盛通印刷股份有限公司

規　　格 / 開　本：889mm×1194mm　1/16
印　張：15.75　字　數：130千字
版　　次 / 2021年11月第1版　2021年11月第1次印刷
書　　號 / ISBN 978-7-5201-9004-6
定　　價 / 468.00圓

本書如有印裝質量問題，請與讀者服務中心（010-59367028）聯繫